图解
住宅设计
户型布局

[日] 田渊清志　著

万争艳　译

华中科技大学出版社
http://www.hustp.com
中国·武汉

HAJIMENI 前 言

我是住宅设计师田渊清志，以创造幸福的家为目标奔走于日本。

那么，幸福的家是什么样子呢？坐北朝南，有着宽敞的 LDK ？不！是谁决定了那样的家才是一个幸福的家呢？有人认为，好房子就该有它的规则。但是，每个人的生活方式、喜好、兴趣都不一样，因此，那些被规划过的好房子大多都传达着个人观点。

关于幸福的家，我所考虑的非常简单。家里所有成员一回到家就会兴奋不已，怀着愉悦的心情做家务，看到客厅一角的碎花墙纸就乐呵呵，这样才是一个幸福的家。住在让人兴奋和喜悦的家里，无论何时都会笑逐颜开。

在日本想要创造这样一个家，第一步就是写下房屋布局手册。这不是一本简单、呆板的房屋布局手册，这是一本只为让你感到幸福的房屋布局手册。在房屋布局中包含兴奋和喜悦的情感，这是我想传达的理念。

CONTENTS 目 录

致读者
考虑到房屋建筑面积、宽度、深度、朝向、高度、强度、抗震等级、隔热性能、日照强度、积雪等因素，房屋布局设计应"因地制宜，适材适所"，如想参考本书的房屋布局方案，还请与专业的建筑设计公司联系。

幸福的房屋布局

生活方式、兴趣、爱好……
"幸福的房屋布局"是因人而异的。
但是,这里介绍的是,无论什么房屋都能通用的 3 大原则。
这是从大量房屋布局设计中发现的规则。

恋家 ♥

缩小家人间
的距离

住宅设计师
田渊清志
为了普及"幸福房屋"的布局,
本人目前在做住宅设计以及建
筑公司的运营工作。本人在社
交网站上发布的房屋布局设计
方案获得了很高的人气,已有
4.8 万人关注。梦想拥有田渊
版"幸福的家"的人在日本不
断增加。

当阳光普照、微风拂面的时候，你是不是会情不自禁地舒展笑颜？家里洋溢着明媚的阳光，流动着新鲜的空气，仅仅如此就可以让你神清气爽、元气满满。另外，这还方便晾晒洗涤后的衣物，改善环境潮湿等问题。

要想使房间具有良好的通风性，设计风道很重要，每个房间至少要有 2 个窗户。

房间的光线问题可以通过变换房屋内家具摆放的方向，或者把客厅设计在二层来解决。室内原本的格局条件不好没有关系，但是千万不要放弃改造。

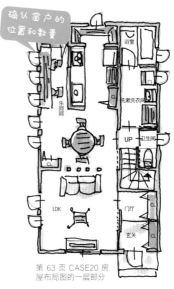

确认窗户的位置和数量

第 63 页 CASE20 房屋布局图的一层部分

※ CL：储物柜；UP：上楼；DN：下楼；
  LDK：客厅、餐厅、厨房；乐呵呵：娱乐空间

在客厅和餐厅设计 4 个窗户。因为风是从高向低流动，所以，在考虑窗户位置的时候，设计高低差是很重要的。窗户具体位置不同，设计也会有差异。例如，为了保护隐私，在离玄关较近的地方可以设计高窗。

在房间内做什么事情的时候最想感受到阳光？可以仔细考虑一整天的行动，根据条件来变换房屋布局。

更加 *幸福*

设计隔断墙，
可以提高抗震强度！
设计储物架，
可以增加实用性

保护家人，给他们一个安心、安全的家，这是建造房子的大前提。如果抗震强度不够，可以设计柱子或隔断墙进行加固。

柱子或墙体内侧可以设计成收纳空间，提高实用性。

忙碌一天后，为了回家可以顺利地、毫无压力地做家务，设计便于轻松、快速移动的路线很重要。比如，从厨房可以直接去卫生间，然后在洗衣间里晾晒衣物，尽量用最少的行动，最短的移动距离，轻松地搞定家务。

收纳空间也和移动路线有着密切的关系。收纳食材的地方要离厨房近些，这样可以缩短移动路线。"适材适所"的收纳对轻松、快速的移动路线来说不可或缺。

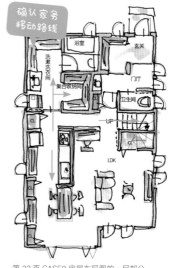

确认家务移动路线

第33页 CASE9 房屋布局图的一层部分

从厨房、客厅可以很快地移动到二层。

在客厅设计楼梯，可以利用走廊的空间，缩短移动距离，不设计走廊也可以降低成本，一举两得。只是，这样的话，家人就必须通过客厅才能上到二层。所以，如果不想让人在电视机前走来走去，就要格外注意其摆放位置。

更加 幸福

在楼梯口安装一扇门，既可以达到隔热效果又可以节能

空调的冷风和暖风会顺着楼梯跑到二层，这是在客厅设计楼梯的弊端。在楼梯口安装一扇门，既可以达到隔热效果又可以节能！不使用空调的时候，可以将楼梯门打开，增添开放感。

在洗漱洗衣间里，
从洗涤到收纳
一步到位！

洗漱洗衣间，就像这个名字一样，是个兼具洗漱池和洗衣房的空间。这里并不是单纯的洗涤场所，设计师在这里设计了晾衣杆和储物柜，从衣物的烘干、折叠到存放，全部在一个空间完成。如果装饰一些墙纸，增添几分趣味，更有助于人们从家务活的压力中解放出来。

把家人的东西
全部放在一起
更加轻松！

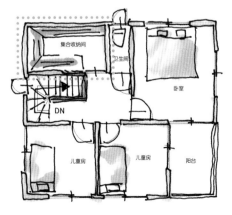

第 21 页的 CASE3 房屋布局图的二层部分

之前人们都认为"家中每个人的房间里应有自己的储物柜"。这里，我们舍弃了这个想法，设计了集合收纳间，就是将家庭成员的衣服全部收纳在一个地方。这样就不用一个房间一个房间地去放置衣物，节省了人力、物力。

只想一想将要在此度过的时间，就会笑容洋溢。这里就是这样一个神奇的空间。如果这个空间是在你的家中，无论是心神不宁的时候，还是心花怒放的时候，无论是对自己还是对家人来说，我认为这都是一个温暖、娴静的空间。

这里考虑的是，可以在客厅和厨房的一角设计一个可供家人娱乐的桌台。如果空间足够大的话，也可以设计成一个小房间，将它装饰成自己喜欢的风格，放置一些自己喜欢的物品。忙碌的时候可以在此稍作休息，空闲的时候也可作为娱乐空间。

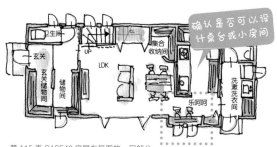

确认是否可以设计桌台或小房间

这个就是让你喜悦的桌台。

第 115 页 CASE40 房屋布局图的一层部分

在客厅一角设计了"乐呵呵"桌台，墙壁和储物架形成了完整的私密空间，使身心得到放松。
如右图，桌台的重点在于可以自己选择喜欢的墙纸和灯光。使用可爱的墙纸，打造一个专属空间。

更加 幸福

设计一个超长桌台，全家人可以一起使用

设计一个全家人都可以坐下的超长桌台，可以在这里写作业、玩游戏等。虽然做着各自的事情，但也显得其乐融融，不会有距离感。这就是超长桌台的优势！

田渊版 房屋布局解析

下面是田渊版房屋布局图，是不是觉得像漫画一样有趣？
但是，万一有人看不懂的话就不好了，所以，这里简单讲解一下。

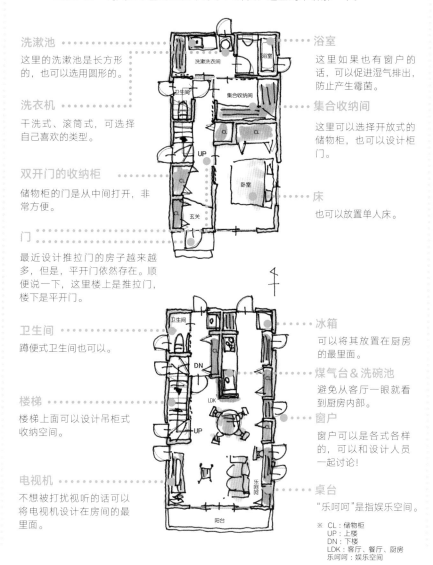

洗漱池

这里的洗漱池是长方形的，也可以选用圆形的。

洗衣机

干洗式、滚筒式，可选择自己喜欢的类型。

双开门的收纳柜

储物柜的门是从中间打开，非常方便。

门

最近设计推拉门的房子越来越多，但是，平开门依然存在。顺便说一下，这里楼上是推拉门，楼下是平开门。

卫生间

蹲便式卫生间也可以。

楼梯

楼梯上面可以设计吊柜式收纳空间。

电视机

不想被打扰视听的话可以将电视机设计在房间的最里面。

浴室

这里如果也有窗户的话，可以促进湿气排出，防止产生霉菌。

集合收纳间

这里可以选择开放式的储物柜，也可以设计柜门。

床

也可以放置单人床。

冰箱

可以将其放置在厨房的最里面。

煤气台&洗碗池

避免从客厅一眼就看到厨房内部。

窗户

窗户可以是各式各样的，可以和设计人员一起讨论！

桌台

"乐呵呵"是指娱乐空间。

※ CL：储物柜
UP：上楼
DN：下楼
LDK：客厅、餐厅、厨房
乐呵呵：娱乐空间

11

用 3D 草图来展现 幸福空间布局

田渊的

吊顶的高度、宽度、厚度不同，给人印象也完全不一样。
潜藏各种乐趣！

这样的厨房，只是看着就会感到幸福吧，因为这是空间创作。只是简单地将墙壁的一部分掏出来，再加一点装饰元素，时尚的感觉就会在空间中诞生，气氛也会大有改观。

这样改造后的墙壁和顶棚，是用言语无法形容的"酷帅"！因为格局大气，无论你搭配什么颜色的墙纸都可以非常完美。一定要试下哦！

这是厨房的出入口！看起来很时尚。

低垂的照明灯，
可爱感十足。

设计高窗，可以
打造出咖啡厅风
格的时尚空间。

一面厚实的墙壁
可以玩空间创作。

供大家娱乐的桌台，让
人坐那儿就感到兴奋。

让4.8万人感到兴奋、喜悦

最佳的幸福房屋布局手册

终于可以介绍田渊设计的房屋布局了。如果有你认为比较适合自己的布局，尽可模仿！我的愿望就是能够在全日本传播幸福与喜悦，为更多家庭增添幸福感。

44个幸福的
房屋布局案例

站在窗口用手机拍摄
午睡中可爱的宝宝

锵锵锵！具有纪念价值的房屋布局 No.1——和室布局。接下来介绍的风格是田渊独有的日常模式，初次看到的话，不要惊讶哟。✿

这个和室布局，你是不是非常喜欢呢，那么就从窗口一览和室中的风景吧。宝宝在里面玩耍的景象，夫妻俩可以在此用手机拍摄，爆棚的幸福感啊！即便是在做饭也可以随时确认宝宝的情况，这样就可以安心啦。田渊真是个天才呀！✌

儿童房可能不止一间。可以先扩大夫妻俩的卧室，将来另一位宝宝出生的时候，再隔出部分作为宝宝间。小时候可以和宝宝一起睡，等宝宝长

大了再将房间进行分隔。"但是，这样的话，在一起的时光就会非常短暂呀"，处于叛逆期的女儿小田渊这样喃喃自语。☹

另外，儿童房没有设计收纳柜。可以将宝宝的衣物统一存放于走廊边上的集合收纳间，这样也可以减轻家务的负担。你不觉得这样的集合收纳方式很棒吗？

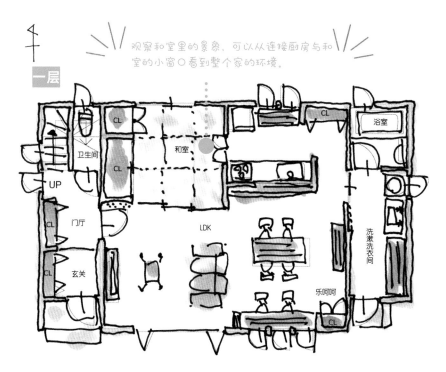

观察和室里的景象，可以从连接厨房与和室的小窗口看到整个家的环境。

CL
浴室
卫生间
和室
CL
UP
门厅
CL
LDK
洗漱洗衣间
玄关
CL
乐呵呵
CL

儿童房里没有专门的收纳柜，集合收纳间可以适当地减轻家务负担。

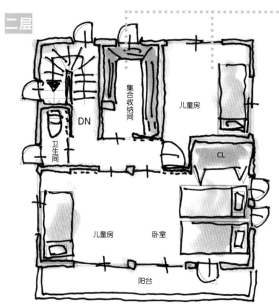

集合收纳间
儿童房
DN
卫生间
CL
儿童房
卧室
阳台

▌建筑面积：106.82m²（一层：66.25m² ／ 二层：40.57m²）

17

全家都可以在超长的桌台上一起玩耍 ♪

　　餐厅里设计了可供全家一起做游戏的桌台，桌台长度大约有 4.1m，足够开一家小咖啡店了。

　　女孩可以在这里拍摄各种各样自己感兴趣的照片，如拍摄各式各样的碗碟、制作完成的便当，拍完后上传到微博，在这里悠闲地度过专属自己的时间。

　　如果在底部做个储物柜，收纳能力也是非常出色的。手机充电器、宝宝的文具用品，甚至常用药，都可以尽收此处。

　　除此之外，洗漱洗衣间的宽敞空间也让人很兴奋。顶棚上安装两根晾衣杆，洗好的衣物可以拿出来在此处晾晒。

　　并且，洗漱洗衣间里也设计了储物柜，家居服、睡衣、毛巾、浴巾等物品都可以存放在这里。这样就没必要每个房间单独地存放各自的衣物了。家务会因此变得轻松许多。

　　儿童房在一层，和二层比起来光线稍微有些暗，但正因如此可以使心情平稳，促进睡眠。☺

　　儿童房是具有田渊风格的合体房间。孩子长大后，分隔出单间也好，保持原状也好，这个就看孩子的意愿了。

一层

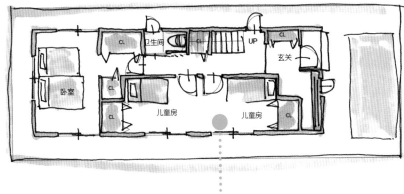

儿童房里住着2个孩子，一起玩笑嬉闹，
等他们长大后可以隔成单间。

二层

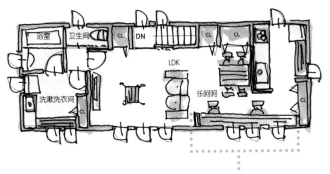

无论是做作业还是玩游戏都可以！
收纳能力超群的超长桌台！

建筑面积：96.88m² (一层：48.44m²/ 二层：48.44m²)

CASE 3

只为我设计的私密房屋♥

当下夫妻俩都是上班族的家庭越来越多，所以他们需要的也是简单大方、方便生活的房屋布局。

比如，这个住宅里，二层的儿童房和主卧室都没有设计储物柜。这是为什么呢？为了节省时间。将所有家庭成员的衣物都收纳到洗衣房旁边的集合收纳间，这样衣服叠好后就可以快速地存放好。如果一个房间一个房间地去存放衣物，就会浪费很多时间。

如果一层的集合收纳间不够的话也不用担心。因为在二层还设计了一个 6 m² 的集合收纳间，存放在那里就好了。😛

自娱自乐的娱乐间，实际上连通着配餐室，也可以用于收纳。微波炉加热食物期间可以在此玩手机、修指甲，孩子也可以在此看书、学习。♪

可以自由安排室内装饰。😊 比如熟女风格，在酷炫的设计上加入些许女子温婉的元素。地板是条纹状的，墙壁是银灰色的，顶棚贴满非常酷炫的墙纸，😎 最后贴上一张自己偶像的大海报，有没有感到幸福又满足呢？

总之，忙碌一天的女主人回到家就感到心情舒畅的话，家人也会很高兴的。

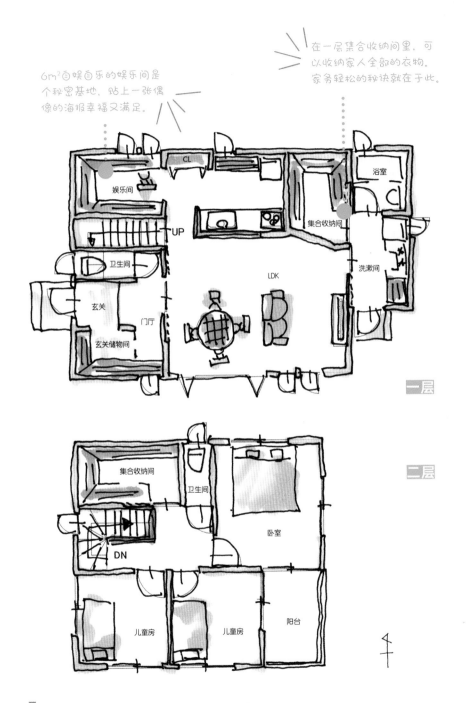

6㎡自娱自乐的娱乐间是个秘密基地，贴上一张偶像的海报幸福又满足。

在一层集合收纳间里，可以收纳家人全部的衣物。家务轻松的秘诀就在于此。

CL

娱乐间

浴室

集合收纳间

UP

卫生间

洗漱间

LDK

玄关

门厅

玄关储物间

一层

集合收纳间

卫生间

DN

卧室

儿童房

儿童房

阳台

二层

建筑面积：101.86㎡ (一层：60.45㎡ / 二层:41.41㎡)

可以集体存放所有
家庭成员物品的空间

大家是早起型的？还是熬夜型的？ 田渊最近是早起型的，一到早晨4点就自然醒，这可不是因为人到老年睡不着哟，主要是因为睡在办公室，窗户没有挂窗帘，屋里太亮，所以就醒了。

这个住宅的女主人也是早起型的。每天早晨，她在厨房里做早餐，同时在最里面的洗衣房洗衣服，然后取下昨天晾晒的衣物，快速移动到旁边的集合收纳间存放。

集合收纳间里还设计了娱乐桌台，可以在这里化妆或工作。 桌台旁边有窗户，可以沐浴自然光，画美美的妆，完美！

二层也设计了集合收纳间，泳衣、滑雪服等季节性较强的衣物，或是一年穿不了几次的礼服等，都可以收纳在这里。

具备了"适材适所"的收纳空间以及良好的移动路线，就可以快速地完成家务了。即便是繁忙的早晨，也可以快速地收拾好去上班。毫无压力的家，完美！

无论是什么东西都可以存放在
8㎡的集合收纳间，
让家中更清爽、整洁！

从楼梯上去就是二层的集合收纳间，使用起来非常方便。

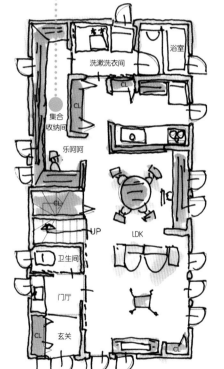

洗漱洗衣间
浴室
CL
CL
集合收纳间
乐呵呵
CL
UP
卫生间
LDK
门厅
CL
玄关
CL

一层

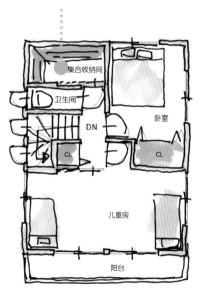

集合收纳间
卫生间
DN
卧室
CL
CL
儿童房
阳台

二层

建筑面积：96.88㎡（一层：59.62㎡ / 二层：37.26㎡）

23

90m² 的房屋也能
洒满幸福的阳光

这是 90m² 左右的房子。☺ 面积不算大，但这是一个有着 3LDK 且拥有 6.5m² 洗衣房的家。洗衣房的旁边就是 5m² 的集合收纳间，空间不大，但是收纳能力超强。☺

这间房屋的业主是一对新婚夫妇，将来想要生一两个宝宝。这样的话，儿童房是必须准备的，等到孩子想拥有一个自己专有房间的时候，估计也要 10 年之后。所以，在一层留出儿童房的空间，先将其作为夫妻俩的娱乐间，女主人可以在此做瑜伽，男主人也可以在此组装自己喜欢的模型。

孩子小的时候，全家人一起睡在二层的大卧室。待第二个宝宝出生以后再将其分成夫妻俩的卧室和宝宝房。👍 这种设计旨在根据生活方式来改造家中的布局。☺

空间中不可忽视的设计是窗户。幸福的家要具有良好的采光、通风、收纳和动线，尤其是采光，非常重要。希望你今天也是在旭日东升中开始美好的一天。🌸

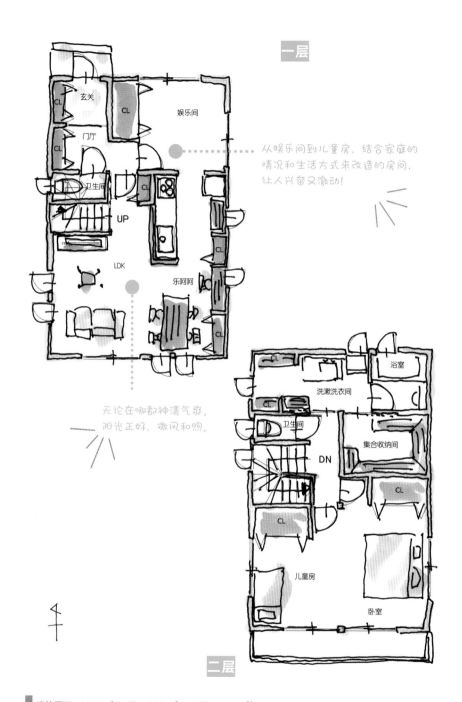

从娱乐间到儿童房，结合家庭的
情况和生活方式来改造的房间，
让人兴奋又激动！

玄关

CL

门厅

CL

卫生间

娱乐间

CL

UP

LDK

乐呵呵

CL

CL

CL

无论在哪都神清气爽，
阳光正好，微风和煦。

CL

浴室

洗漱洗衣间

卫生间

集合收纳间

DN

CL

CL

儿童房

卧室

建筑面积：89.42㎡（一层：44.71㎡ / 二层：44.71㎡）

全长 5.4m 的厨房储物架
让你忍不住喜欢上料理

　　这次方案中的房子，有 40m² 的 LDK，有大容量的收纳空间，有 6.5m² 的洗衣房。最近，有大容量收纳空间的房子备受业主喜爱。

　　虽说是收纳空间，却并不是可随处设计的，"适材适所"的收纳非常重要。玄关、客厅、厨房等不同的地方要有不一样的设计。厨房里设计了全长 5.4m 的储物柜，可将电饭煲、榨汁机等各种电器全部收纳于此，还你一个整齐、清洁的厨房。

　　厨房北侧设有女主人专用的 3.5m 的休息桌台。做饭的间隙，女主人可以在此放松一下，感受自由又惬意的生活。

　　当然，不要忘记男主人。😊设计师为运动鞋爱好者的男主人设计了玄关储物间。男主人有收集运动鞋的喜好，他看到喜欢的鞋就会立即买下。如果有一个宽敞的收纳空间，就不用担心女主人会生气地说"买那么多运动鞋，都没有地方放"。也可以在此放置孩子的小三轮车、园艺用品等。所以设计玄关储物间会方便很多。

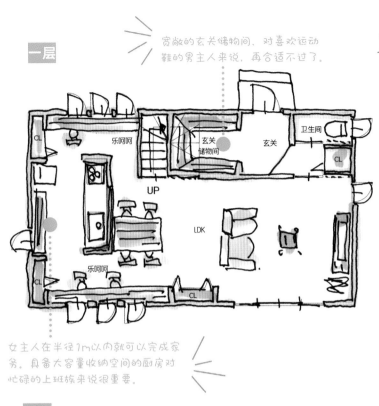

一层

宽敞的玄关储物间，对喜欢运动
鞋的男主人来说，再合适不过了。

CL

乐呵呵

玄关
储物间

玄关

卫生间

CL

UP

LDK

乐呵呵

CL

CL

女主人在半径1m以内就可以完成家
务。具备大容量收纳空间的厨房对
忙碌的上班族来说很重要。

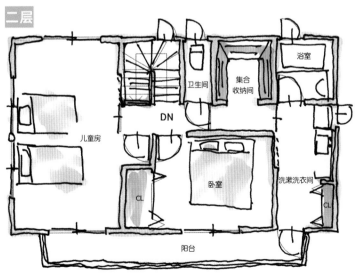

二层

卫生间

集合
收纳间

浴室

DN

儿童房

卧室

洗漱洗衣间

CL

CL

阳台

建筑面积：104.34㎡（一层：52.17㎡ / 二层：52.17㎡）

漫画咖啡厅？工艺品制作间？只是单纯地想一想房屋的功能就莫名地开心

　　有没有那种不仅单纯地让人开心，更让人莫名兴奋、激动的房屋布局？😃有的，我听到大家的心声了。

　　先从"乐呵呵"娱乐间开始说。什么是"乐呵呵"娱乐间呢？放个舒服的沙发它就可以是漫画咖啡厅；放个缝纫机，就可以做些小手工。总之，关键在于开心，这是一个只要开心怎么样都好的娱乐空间。♪

　　那么什么是自娱自乐的房间呢？自娱自乐的房间带给你的不是单纯的开心，而是那种让人莫名兴奋、激动的心情。比如，男主人不在的时候，一直喜欢宝塚歌剧团的女主人，可以在这里偷偷地看 DVD；一直想着约上朋友去高级餐厅的女主人，可以偷偷地在这里确认日程。这间房的墙纸可以和客厅的不一样，入口处可以设计三角形的顶壁，将这里装饰成一个秘密小屋，让气氛变得更好。♡

　　厨房里面的洗漱洗衣间也可以设计得令人兴奋。洗手台和洗衣机中间设计收纳柜，用来存放全家人的浴巾、毛巾、家居服等物品。雨天，电动晾衣杆从顶棚上降下来 。晴天，可以从旁边的厨房出去快速地晾晒衣物。这些都非常方便。😎

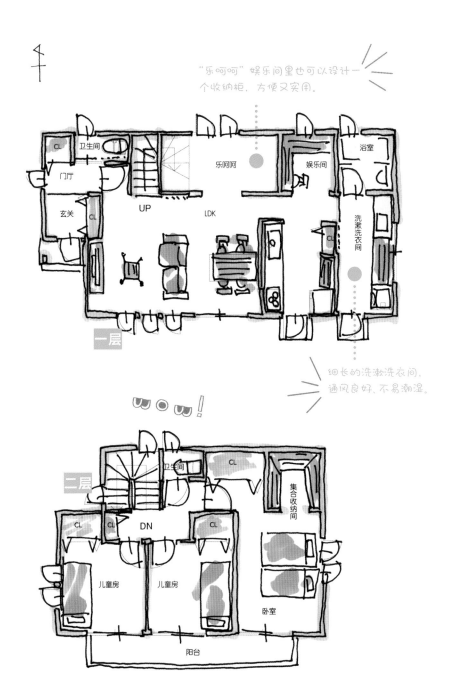

"乐呵呵"娱乐间里也可以设计一个收纳柜，方便又实用。

CL
卫生间
门厅
玄关
CL
UP
乐呵呵
LDK
娱乐间
浴室
洗漱洗衣间
CL
一层

细长的洗漱洗衣间，通风良好，不易潮湿。

二层
卫生间
CL
CL
CL
DN
CL
集合收纳间
儿童房
儿童房
卧室
阳台

建筑面积：99.99㎡（一层：57.76㎡／二层：42.23㎡）

CASE 8

从室内衣物晾晒处到集合收纳间非常近，可以很快地完成收纳

前些天，在网络上看到的一则新闻，说是最近降雨概率如果达到 30% 以上，大多数人们会选择在室内晾衣物。这时，电视里的购物广告，也都会是关于室内晾晒或是洗涤剂的内容。确实，当你将洗好的衣物晾在外面，出门的时候却突然下雨，一切会变得很糟糕。另外，如果家人有过敏症，还会比较介意室外的花粉。

考虑到可以帮助工作中的女性稍微减轻压力，就在二层设计了衣物晾晒间。田渊真是个天才，这样的设计让人十分高兴。✤

为了方便将叠好的衣物立即收好，设计师在晾晒间旁边还设计了集合收纳间。在晾晒间可以快速地将衣物晾晒、叠好、收纳，再统一放入集合收纳间，这就不必到每个房间放置衣物了。晾晒衣物和收纳用的衣架，如果兼用就更加方便，可以缩短做家务的时间。

玄关门厅的设计也很贴心。♥ 在幺关门厅位置设计了洗手台，业主回到家后可以直接洗漱，客人也不用专门去屋内的洗手间，这样的设计也很好地保护了隐私。

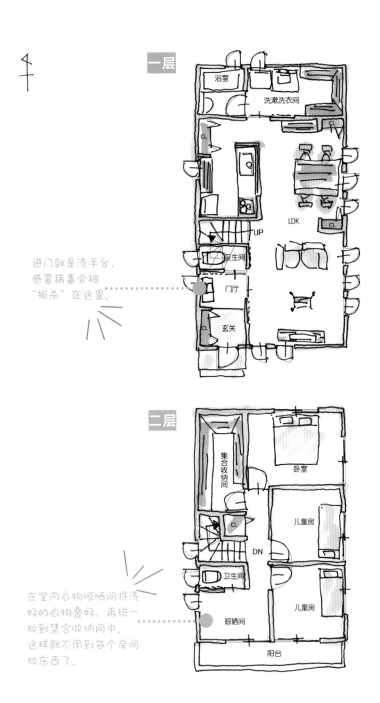

一层

浴室
洗漱洗衣间
CL
CL
UP
LDK
CL
卫生间
门厅
玄关
CL

进门就是洗手台，
感冒病毒会被
"抶杀"在这里。

二层

集合收纳间
卧室
CL
DN
儿童房
卫生间
晾晒间
儿童房
阳台

在室内衣物晾晒间将洗
好的衣物叠好，再统一
放到集合收纳间中。
这样就不用到每个房间
放东西了。

建筑面积：99.36㎡ (一层：54.65㎡ / 二层：44.71㎡)

快速地从厨房到洗漱洗衣间

　　这个房子有 6.5m² 的洗衣房，其边上有 2.5m² 的集合收纳间。这里可以收纳全家的居家服、内衣、浴巾等物品,孩子的衣服也全都可以放在这里。☺因为邻接厨房，做家务的动线也十分方便。👆

　　设计师在玄关设计了洗手台和大容量的收纳空间。进屋之前可以在这里洗漱一下，有效地去除灰尘和病菌。

　　厨房料理台的延长线上设计了餐桌，在厨房做饭也可以感受到家人就在旁边。😊

　　位于厨房背面的收纳柜，长 6.4m，具有超强的收纳能力，也可以作为玩耍嬉闹的空间。从顶棚上垂下几个吊灯，打开储物柜呈现强大的收纳空间，装饰可以根据自己的喜好决定。👍 这里有窗户，采光很好。客厅门旁边的储物柜可以收纳吸尘器、常用药品、透明胶带等物品。😝

　　二层有 10m² 的收纳间，同时能将采光、通风、收纳、动线很好地组合在一起。房间面积加起来有 105m² 左右。设计师真是个天才。✨

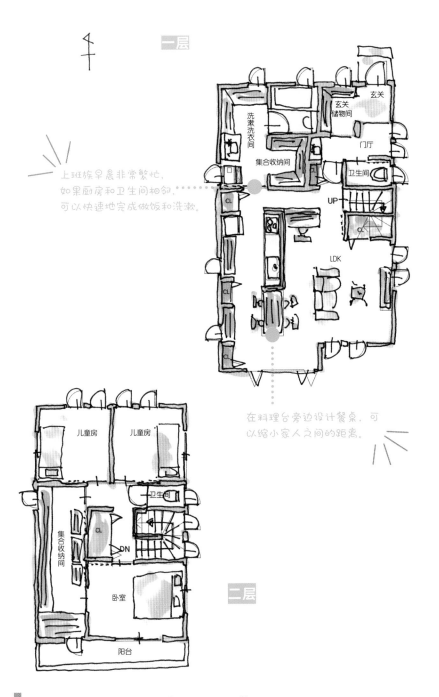

一层

玄关
玄关储物间
门厅
洗漱洗衣间
集合收纳间
卫生间
UP
CL
CL
LDK
CL
CL

上班族早晨非常繁忙，如果厨房和卫生间相邻，可以快速地完成做饭和洗漱。

在料理台旁边设计餐桌，可以缩小家人之间的距离。

二层

儿童房
儿童房
卫生间
集合收纳间
CL
DN
卧室
阳台

建筑面积：105.99m² (一层：61.28m² / 二层：44.71m²)

可以看到家人的笑颜

动线便利

让人心动的厨房

被自己喜欢的事物包围，是不是觉得很兴奋呢？
作为家务活"重灾区"的厨房，如果能成为让人兴奋
的场所，那每一天就更加幸福了。

田渊风格的
No.1

顶壁，拱门……所有的安排都很巧妙

融合了浅浅的咖啡色、黑色和白色的厨房，酷帅之中
不失典雅。周全地考虑了厨房前面顶壁的高度、拱门
的角度和墙纸颜色的区分，有点酒店风格的感觉。这
是田渊风格空间的代表。

墙壁的建造隔离了厨房的生活感

这里讲究的是墨绿色的墙壁和白色矮墙的高度。白色矮墙的高度，在此之上抬高 10cm 或放低 10cm 都是不行的。矮墙后面设置了水龙头，如果水龙头高出矮墙，十分影响美观，整体设计应考虑到这个实际问题。

顶壁设计在空间的丰富度上起了很大的作用

在顶壁的花砖上花了很大工夫。花砖宽度的不同，使得在房屋宽窄、大小上的感觉也不同，这一点很重要。右边靠里的门是洗漱洗衣间的入口，可以快速地移动到厨房。这个动线是重点。

白×黑拼贴方格瓷砖营造出海外的氛围

拼贴方格图案瓷砖的清爽，家具、顶棚的自然白色，绝妙搭配的厨房设计，在不喧宾夺主的前提下，很好地营造了海外的氛围。另外，厨房和里面的洗漱洗衣间相邻，形成了很好的动线。

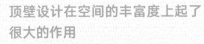

咖啡厅风格的空间设计亮点在于吊灯

"想在吧台上吃早餐",基于这样的诉求设计出的一个空间,给人的印象是时尚的咖啡厅风格。吊灯演绎出了咖啡厅的感觉,用不同类型的物品来组合装饰会更有咖啡厅的感觉。

敞开式的收纳柜,减少了开门这个动作

这个厨房的收纳柜是开放式的。仅仅是减少一个开门的动作,家务活就变得轻松了。

酷帅又可爱的混搭风格♪

黑色的瓷砖搭配白色的接缝,木质的顶棚涂以木色油漆,完美。其余的统一用白色,酷帅中不失可爱。右侧的桌台上设计顶壁用来隔开空间。

平整的顶棚，满满的开放感

黄色的大门完美地点缀了整个厨房。这里并没有用顶壁将其和餐厅空间区分开，旨在创造一个开放感满满的空间，这样的空间似乎特别惹人喜爱。

想隐藏生活感的话，最好打造一个厨房小屋

这里厨房小屋的设计，来自业主想要咖啡厅风格的诉求。围起来的小屋可以隐藏掉厨房里的生活感。想从厨房直接到餐厅和客厅，同时又想隐藏生活感的人，设计师推荐这种设计。

黑色配橡木色，两色均衡的完美厨房

实际上这是从业主常去的咖啡厅中衍生出的设计想法，也可以说就是个咖啡馆。☺这里讲究的是配色，连接黑色桌台和上部玻璃的柱子使用橡木色，酷帅之中略带些温柔。

CASE 10

3.5m 的桌台装上抽屉后，
收纳能力大大提高

对于房屋布局来说，最重要的是采光、通风、收纳、动线这四个要素。自然光的射入、空气的流通、适材适所的收纳、快速移动的线路，如果可以确保这几点的话，那真的是非常完美呢。☺

这个房屋的布局就有一个良好的动线。😎 从厨房到洗漱洗衣间的距离很近。因为没有设计走廊，所以从客厅可以直接上到二层，楼梯口还安装了推拉门，不用担心浪费空调或暖气。

当然，光线的照射和通风也很好。田渊是这么想的：吃早饭的时候如果能晒到太阳，会让心情有很大的不同。在阳光的洗礼下吃完早餐，会让你一整天都感觉非常开心！元气满满！

3.5m 的桌台装上了抽屉，在这里吃早餐的话，心情也会很好吧！

在玄关和二层都设计了收纳间。但是，储物架都不是很深，这是为什么呢？因为储物架的隔板窄一点的话，物品就不用前后重叠放置了。作为整理收纳专家，这种设计是绝对完美的。🖖

进入玄关就看见长2.7m的超长收纳架，可以放置折叠伞、帽子等东西。

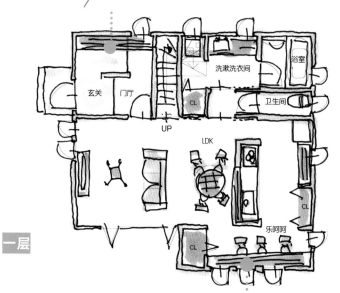

玄关　门厅

洗漱洗衣间　浴室

CL

卫生间

UP

LDK

CL

乐呵呵

CL

一层

给桌台安装了抽屉，可以充分收纳文具、充电器等物品。

二层

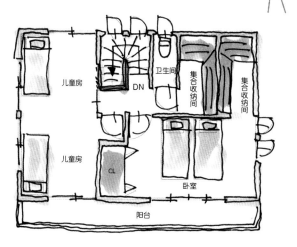

儿童房

DN

卫生间

集合收纳间

集合收纳间

儿童房

CL

卧室

阳台

建筑面积：103.09m²（一层：58.38m² / 二层：44.71m²）

客厅与厨房分开设计，
让我们忘却琐碎家务的烦恼

晚饭后坐在客厅里休息，一抬头刚好看到厨房，这时是什么感觉呢？估计不能放松了吧，☹ 明天是扔垃圾的日子，得把垃圾收拾一下，孩子的便当还没准备好等等。

对于上班的女性来说，在客厅里悠闲地放松是很不容易的。正因如此，这个布局设计就是让大家重视这个宝贵的时间。

用楼梯将客厅和厨房分开，就是想从客厅看到厨房又看不到，感觉上是既有联系又是分开的，可以随时切换。

这种设计的缺点是，空调的暖风会从楼梯跑到二层，寒冷地带就不适合这个布局了。但是，装上高性能的隔热板，就可以节约费用。

二层的儿童房没有设计收纳柜，但是设计了适合全家人用的集合收纳间。为了防止上班族在不同房间来回跑着收纳，田渊建议设计一个集合收纳空间。心中有爱才能设计出好的房屋布局，专业设计师可要好好努力啊！☺

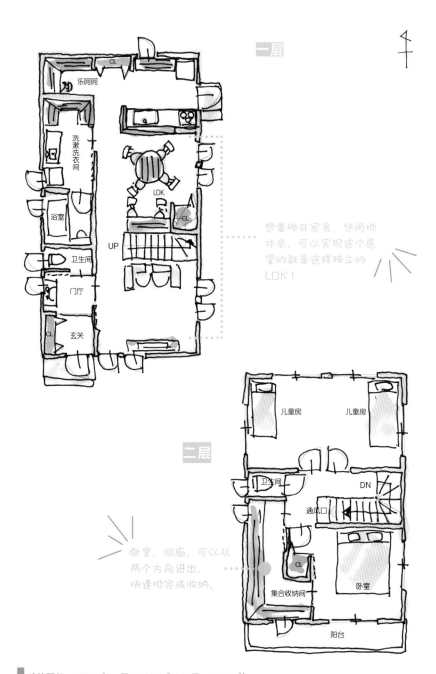

CL

乐呵呵

洗漱洗衣间

浴室

卫生间

门厅

CL

玄关

LDK

CL

UP

想要抛开家务，悠闲地
休息，可以实现这个愿
望的就是这样独立的
LDK！

儿童房

儿童房

卫生间

DN

通风口

CL

集合收纳间

卧室

阳台

卧室、回廊，可以从
两个方向进出，
快速地完成收纳。

建筑面积：99.36㎡（一层：54.65㎡ / 二层：44.71㎡）

仅设计一小块素土地面，
就让人兴奋满满

是的，田渊任性地将自己想象的家庭设定呈现出来。这是一间位于郊外的住宅，占地面积不大，有个家庭小菜园，家里有 1 个女孩和 2 个男孩，男主人自称非常擅长 DIY。

2 个男孩从足球训练场回来时满身的泥巴，或夫妻俩带回刚从地里收获的蔬菜，这个时候，素土地面的玄关就派上了大用场。因为玄关连着洗衣间，所以可以快速地将沾满泥土的衣服扔进洗衣机，然后马上去旁边的浴室洗个热水澡，不用担心会把走廊弄脏，给妈妈增添打扫的烦恼。同时，也可以将新鲜蔬菜暂时放在这，非常方便。

考虑到女孩，不要忘记设计一间更衣室。旁边挨着集合收纳间，换衣服非常方便。

玄关储物间有着超强的收纳能力。农耕用具、孩子的足球用品、男主人的各种工具，都可以放得下。

"女子战队"可以在配餐室里面的娱乐间和客厅的娱乐桌台开办女子聚会，聊聊恋爱的话题，看看手机上刚更新的洋装。坐在一旁的爸爸也会莫名地羡慕吧！

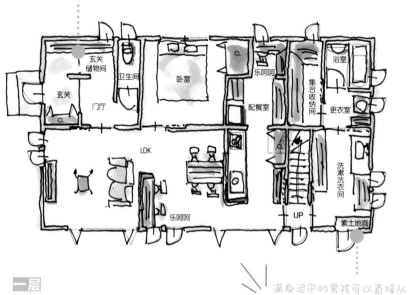

总而言之，玄关储物间收纳能力超强，全家人的东西都可以放得下。

一层

玄关储物间
卫生间
卧室
乐呵呵
浴室
玄关
门厅
集合收纳间
更衣室
配餐室
CL
LDK
洗漱洗衣间
乐呵呵
UP
素土地面

满身泥巴的男孩可以直接从素土地面的玄关去浴室。
夫妻俩也可以将采摘的新鲜蔬菜放在此处。

二层

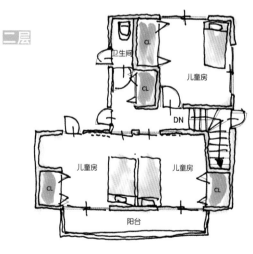

卫生间
CL
CL
儿童房
DN
儿童房
CL
儿童房
CL
阳台

建筑面积：122.34m² (一层：83.84m² ／二层：38.50m²)

CASE 13

来家里玩的岳父、岳母
也喜欢的和室设计

　　去朋友或者亲戚家留宿的时候，处处为对方考虑固然是很好的，但有时候会觉得这样的状态很拘谨，田渊就是这样的。😣 如果相互有着适度的距离感，就会放松点。♪

　　试着设计一个方便客人使用的和室，装上推拉门，从玄关可以直接进出，这样的话，来看望孩子的岳父、岳母也会不那么拘谨地留宿了。

　　普通的和室入口都是隔扇门，上面画有松、鹤等图案。这样虽然高雅，但是没有那种让人兴奋、激动的感觉。所以，设计师主张用墙纸代替隔扇的画。可爱的碎花花纹、条纹、圆点花纹等，贴上自己喜欢的墙纸，既便宜又可爱。

　　这个布局图上没有显示，但是，实际上可以在客厅的出入口处设计一个带抽屉的台阶，既能收纳又能作为装饰。这里也不要用那种隔扇画，😄 贴张喜欢的墙纸，让人激动又兴奋。♪

　　从厨房到配餐室，然后从配餐室直接去二层。也可以从厨房去到洗漱洗衣间，家务动线也很棒，👌 可以在收纳能力强的柜子里放置生活用品等等。

从玄关直接出入，岳父、岳母可以不拘束地来家里玩。

厨房、配餐室都很宽敞。无论几个人在里面，都可以快速地移动，享受做饭时光。

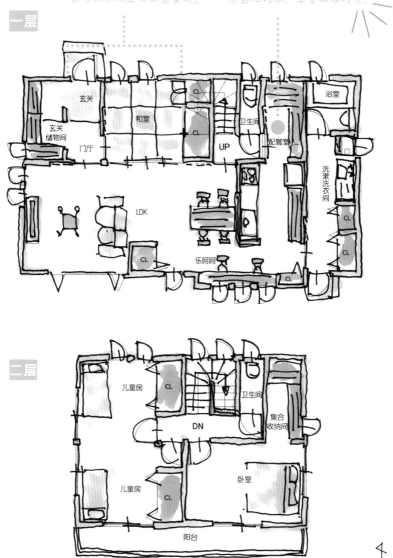

建筑面积：116.33㎡（一层：74.10㎡／二层：42.23㎡）

因为非常喜欢洋装，在二层走廊处设计了时装店风格的储物柜

看这里，👀 这是一个 105m² 可爱的玻璃房。什么是可爱的玻璃房呢？稍等，马上回答。客厅的南侧有一扇很大的窗户，餐厅的北侧也有一扇景观窗。什么是景观窗呢？像画框一样的窗，站在窗口可欣赏外面的风景，像观赏一幅画一样，正所谓风景如画。😎

一进玄关就能看见一块很大的玻璃。通过玻璃可看到厨房里的一切，如果在那儿设计一个复古风格的水龙头，是不是很时尚？☺ 而且，餐厅和客厅中间也是玻璃隔断，全部都是透明的玻璃，犹如在西餐厅一样。🎏

客厅旁边设计了一间什么都可以收纳的储物间。入口处安装了一层抬高地板，并在上面铺上毛茸茸的地毯，设计成时尚的试衣间风格。电视机可以安装壁挂式的。😎

一层的卫生间设计为男士优先，二层的卫生间设计为女士优先。当然，这个洗漱洗衣间的收纳能力也是非常棒的。

儿童房没有收纳柜，二层走廊处设有收纳间。这个收纳间是开放式时装店风格的，可以存放全家人的东西。有没有很开心呢？☺

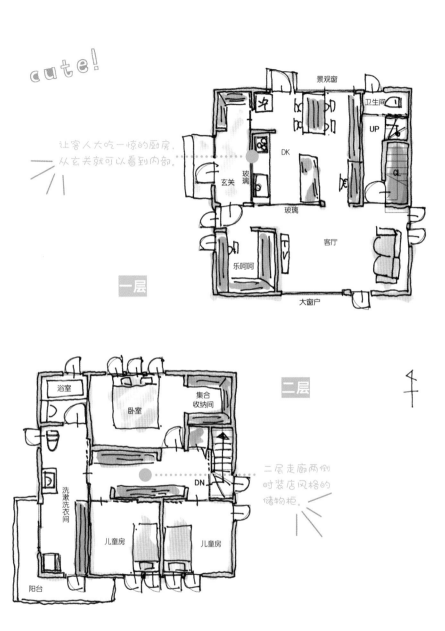

cute!

让客人大吃一惊的厨房，
从玄关就可以看到内部。

一层

景观窗
卫生间
UP
DK
CL
玄关
玻璃
玻璃
客厅
乐呵呵
大窗户

二层

浴室
卧室
集合收纳间
洗漱洗衣间
DN
儿童房
儿童房
阳台

二层走廊两侧
时装店风格的
储物柜。

■ 建筑面积：105.98㎡（一层：52.99㎡ / 二层：52.99㎡）

CASE 15

如果设计成海外感满满的餐厅、厨房，只是待在家就会很兴奋吧

什么样的厨房好呢？每次被这样问的时候，很多来找田渊商量房屋布局的业主回答"U 形厨房好"。但是，实际预留尺寸狭窄的话，很难做成 U 形厨房。

这个住宅就是这样的，做不成 U 形厨房。正是这种时候，田渊才干劲十足，拼命也要设计出让业主方便使用、兴奋激动的布局。☺厨房上面顶棚的高度，仅仅向上 3cm，或者贴上与客厅不一样的墙纸，就可以将其空间区分开。餐桌上方的照明灯，使用黑色的。但从这个布局图上看不出来这个，可以自己想象一下。

这样布置出来的厨房很有满足感，桌台上面可以放置微波炉，窗户设计成高窗。😎顺便说一下，旁边的桌台是专门为放置可爱的厨房家电而设计的。

在餐厅和客厅之间设计了储物柜，可以完全将空间分隔开。主人可以坐在沙发上看电视，和现实中琐碎的事情说拜拜！

一层

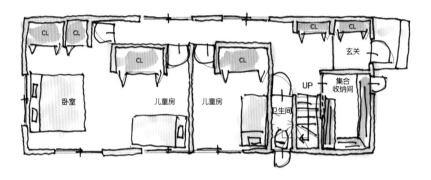

CL CL 玄关

CL CL

卧室 儿童房 儿童房 卫生间 UP 集合收纳间

做饭的时候回头看一下，
随时都可以看到家人的笑脸。

二层

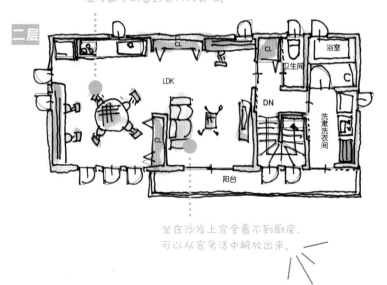

CL 浴室

CL 卫生间

LDK

DN

CL 洗漱洗衣间

阳台

坐在沙发上完全看不到厨房，
可以从家务活中解放出来。

建筑面积：105.57㎡（一层：55.89㎡／二层：49.68㎡）

设计了多个推拉门的开放式房间

　　大家可能已经注意到了，这个家里一层的门基本上都是推拉门。客厅、卫生间、楼梯口、洗漱洗衣间，都采用推拉门。这里要提出注意的是，比起推拉门，弹簧门总是给人已经关了的感觉。😎 例如，比起旅馆的和室，酒店的房间似乎更能保护隐私。从另一个角度讲，推拉门有着更好的开放感，可以一直处于拉开的状态，保持良好的动线。因为门有时候也会妨碍空间的宽敞感。在狭长的地面上建造的房子，室内空间推荐采用推拉门。👍

　　这个家虽然只有98m²，但也设计了足够的收纳空间。二层每个房间都设计了储物柜，再看看夫妻俩卧室的储物柜，是分开的。😃

　　令人意外的是，卧室在一起，储物柜却分开，有这样想法的人很多。夫妻俩共用一个储物柜，男主人都不好好整理衣物，😠 很容易形成这样的局面。将储物柜分开的话，可以保持一种稳定的关系。设计了一道板壁，使两个储物柜成L形，提高收纳空间的同时，设计上也很完美。

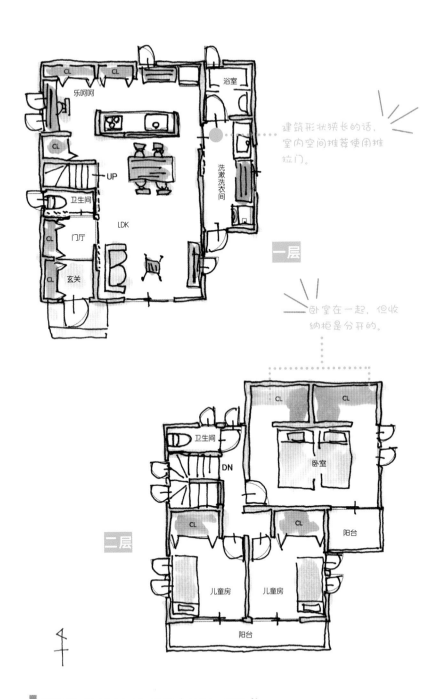

CL
CL
乐呵呵
CL
UP
卫生间
门厅
CL
玄关
CL
LDK
浴室
洗漱洗衣间

建筑形状狭长的话，
室内空间推荐使用推
拉门。

一层

卧室在一起，但收
纳柜是分开的。

卫生间
DN
CL
CL
卧室
CL
CL
阳台
儿童房
儿童房
阳台

二层

建筑面积：98.12m² (一层：52.17m² / 二层：45.95m²)

满载家人理想的特别平板房

　　这是一个平板房的布局图，满足了大家想看平板房布局图这个殷切的要求。

　　厨房前面是一个长 3.5m 的桌台，桌台旁边设计了时尚咖啡厅风格的窗子。从厨房可以看到在桌台前写作业的孩子，坐在桌台前也可以看到孩子们在庭院里玩耍的景象，还可以在此吃个早餐或是制作小手工，做任何自己喜欢做的事情。

　　很多人讨厌别人看到自家厨房（据说是不愿意让人家看到垃圾桶、切菜板等 ☺）。为了防止客人从玄关进入客厅的时候看到厨房里的景象，在厨房料理台的旁边设计了储物柜，兼作隔断墙。设计师真的很了解业主的想法。

　　房屋布局具有良好的动线，无论从哪个房间都可以快速地进入卫生间。洗漱洗衣间邻接集合收纳间，可以轻松、快速地做完家务。☺

　　在客厅和玄关处分别设计了收纳空间。在这个平板房里，一家人都非常开心。

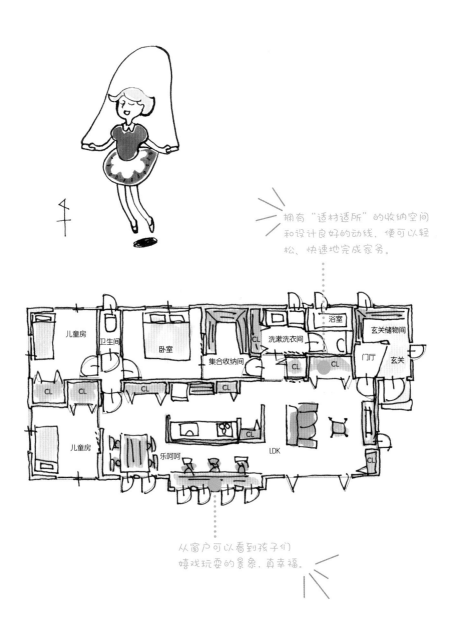

拥有"适材适所"的收纳空间
和设计良好的动线，便可以轻
松、快速地完成家务。

儿童房

卫生间

卧室

集合收纳间

洗漱洗衣间

浴室

玄关储物间

门厅

玄关

CL

CL

CL

CL

CL

CL

CL

CL

儿童房

乐呵呵

LDK

CL

从窗户可以看到孩子们
嬉戏玩耍的景象，真幸福。

建筑面积：96.88㎡

90m² 的住宅也可以有大容量收纳空间

　　我顺利拿到整理收纳师二级证书。只要大家认真地完成一天的进修，考试基本上是会合格的，而且，这次考试真是让人受教了。☺ 整理收纳课程的进修非常有用，有用到什么程度呢？我认为如果不去学习专业的整理收纳，就不能参与房屋设计。👀

　　整理收纳做得好不代表就能设计出可爱的氛围，设计做得好也不代表就能创造出幸福的家。田渊想创造出既有很好整理收纳能力，又可以给人以幸福、可爱感觉的房子，为此，我会拼尽全力。😠

　　在这里我将为大家介绍这样一个房屋布局，它虽然只是一个 90m² 的住宅，但却保留了很好的收纳空间。一层、二层都设计了大容量的收纳空间，厨房后面的储物架还可以从集合收纳间那边打开。在集合收纳间存放的毛巾，😎 可以快速地从厨房取出来。这是一个很小的细节，但是操作起来很方便。✌

　　对幸福的家庭来说，房屋抗震能力也是必要的。只有拥有一个安全的家，才能轻松、愉悦地度过每一天。因此客厅和餐厅中间加了一道墙壁，提高抗震强度，可以好好保护家人。

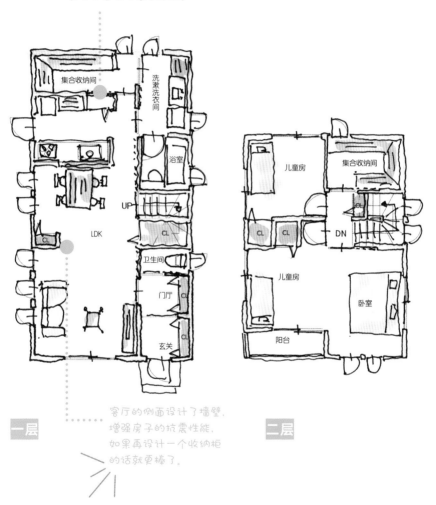

储物架的前、后都装了门，
无论是从厨房，还是从收纳间，
都可以自由地拿取东西。

集合收纳间

洗漱洗衣间

浴室

LDK

UP

CL

CL

卫生间

门厅

CL

玄关

CL

一层

客厅的侧面设计了墙壁，
增强房子的抗震性能，
如果再设计一个收纳柜
的话就更棒了。

儿童房

集合收纳间

CL

CL

CL

DN

儿童房

卧室

阳台

二层

建筑面积：91.91㎡（一层：54.65㎡／二层：37.26㎡）

开放型的木质平台让心情大好

　　这次又设计了新的房间,☺那就是秘密小屋,这个和娱乐间稍微有点不一样。秘密小屋是在楼梯下面,顶棚较低,贴上墙纸,装上照明灯,满满的秘密小屋的感觉。☺ 田渊仿佛看到了一位美丽的女子,除了做家务,还可以在这里写小说,未来的芥川奖作家就是你哦。☆

　　比起秘密小屋这个隐私性很强的空间,这个家里还有个超级开放型的空间——木质平台。天气好的日子里,可以在这用餐,也是非常不错的。👍

　　二层的集合收纳间也是非常厉害。😣 虽是我自己设计的,但依然觉得令人惊讶。7.5m² 的空间,相当于一个稍小的儿童房了吧。对于非常喜欢时装的人,这个收纳量还是有必要的。在这个物欲横流的时代,觉得还不错的衣服,没必要非得扔了。可以将那些不是很喜欢的衣服拿去旧货店或者捐给慈善机构,这才是让生活舒畅的要点。✌

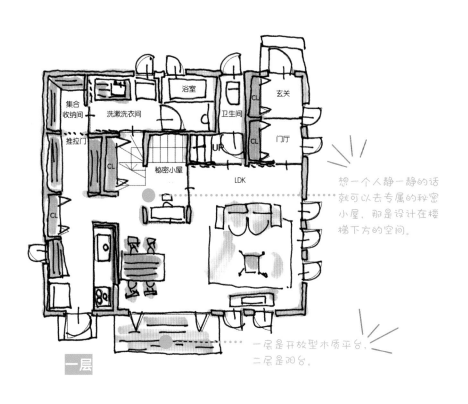

一层

想一个人静一静的话就可以去专属的秘密小屋，那是设计在楼梯下方的空间。

一层是开放型木质平台，二层是阳台。

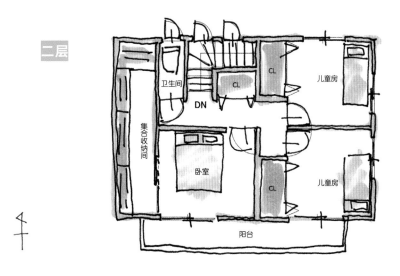

二层

建筑面积：104.33㎡（一层：59.62㎡ / 二层：44.71㎡）

"连接"家人！ 温暖的空间！

最佳客厅

可以随时随地开关灯。

柔和的光线、清爽的微风，悠闲舒畅地度过每一天。

田渊风格的
No.1

空间创作的话，可以在纯白的顶棚上加些点缀

在洁白的空间里安装照明轨道作为点缀，
想让空间看着不单调，得下一番功夫。
右边向里的门是厨房的入口，为了不让
其很显眼，才设计了收纳柜风格的门。

为了使光线可以照射进来，设计了倾斜的顶棚，让昏暗的房间里也可以充满阳光

这是一个采光不好的房子，但却有着明亮的客厅。这个变化的秘密是什么呢？设计了倾斜的顶棚，本来没有窗户的墙面也能获得采光。

如果有一个大落地窗，阳台也可以变身为第二个客厅

这个房子位于一方水池旁边，为了最大限度地活用这个有利地形，特意设计了一个大的落地窗。站在窗口就能看见一池清水，心情会十分舒畅吧。客厅挨着阳台，一家人可以在此开心地就餐。

为了保护隐私设计了高窗

为了确保良好的光线和通风条件，窗户是必不可少的。但是，也有人会介意房间私密性的问题。客厅离玄关很近的话可以设计一个高窗。这样从外面就看不到家里的情景了。

放个沙发就可以隔开的放松空间

用沙发将餐厅和客厅区别开来，使人感觉非常轻松自在。再设计高窗户，会让空间更加充满舒适感。

一张墙纸就可以实现空间的分离

厨房和客厅紧挨着，区分好空间会让身心放松。客厅和餐厅的顶棚为蓝灰色，厨房配以纯白色，在视觉上完全划分为两个空间。

视觉魔术创造了时尚空间

将顶棚的一部分设计为下垂的感觉，将客厅和餐厅在视觉上分开。顶棚设计的线条和门窗上凹下去的线条完美组合，在视觉上给人以清爽感。

顶壁非常好地融合了参差不齐的空间

最里面的是榻榻米空间。客厅、餐厅和榻榻米空间的混搭会给视觉造成混乱，因此设计了顶壁将其空间分开。柱子是用来提高抗震性的。

新的照明线路活用术

顶棚上三角形的线条并不是为了形成高低差，而是为了活用照明线路。根据照明线路的不同会生成不同的光影，进而将空间进行划分。但是不能做得太过，时尚是好的，过于时尚就不好了。

整齐排列的窗户真是可爱极了，大小窗的设计形成了很好的呼应

整齐排列的三个小窗和一个大窗形成的对比极招人喜爱。可爱的正方形小窗配以浅蓝色的墙纸营造了柔和的氛围。

CASE 20

在娱乐桌台前稍作休息
就会神清气爽

　　这次的设计也是很酷的。☺ 设计重点在于娱乐桌台背对厨房。平常娱乐桌台都是面对厨房的，但这里要背对厨房，主要是想在煤气炉旁边设计一个配餐台。做饭的时候，调味品等厨房用具离得越近越好，不是吗？

　　在厨房里设计一个配餐台，从客厅就可以直接看到在厨房里忙碌的人、切菜板和垃圾桶等。如果不想被看到，☺ 可以在客厅和餐厅之间设计装饰性柱子。虽然还是可以零星地看到厨房里面，但与改造前相比好太多了。用这个柱子可以将厨房和客厅分隔成两个空间，同时也可以很自然地设计开关装置。✿

　　这个大家都喜欢的娱乐桌台，会让人不自觉地感到神清气爽。当阳光洒在桌子上，喝一杯现磨的咖啡，真是惬意极了。☺

　　营造氛围是很重要的。创造让人不自觉就嘴角上扬的氛围，需要设计一个自娱自乐的空间。😊 如果在家中有一个这样的场所，简直是太幸福啦。

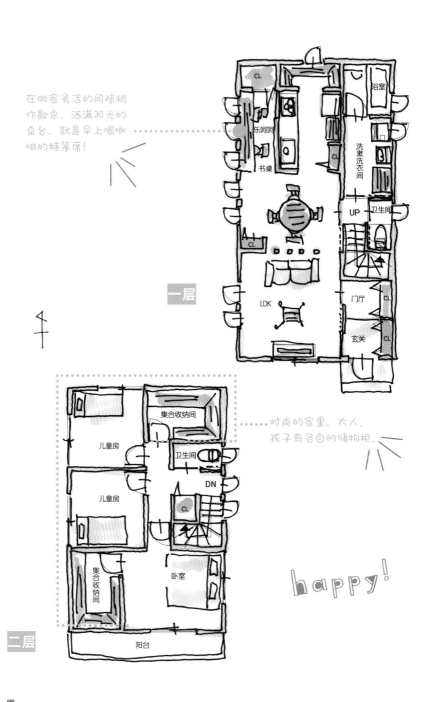

在做家务活的间隙稍作歇息，洒满阳光的桌台，就是早上喝咖啡的特等席！

CL

浴室

乐呵呵

书桌

洗漱洗衣间

CL

UP

卫生间

一层

门厅

CL

LDK

玄关

CL

集合收纳间

卫生间

时尚的家里，大人、孩子有各自的储物柜。

儿童房

DN

儿童房

CL

happy!

集合收纳间

卧室

二层

阳台

■ 建筑面积：99.36m² (一层：54.65m² / 二层：44.71m²)

63

将家务动线设计到同一层，让家务变得更轻松

这里的房屋布局是根据业主意愿设计的。二层有 107m² 左右，包括 LDK，房子北边是马路。

考虑到采光的问题，这里将 LDK 设计在了二层。二层设计的重点是用水的地方和储物间。如果洗漱洗衣间和浴室在二层，而家庭成员的家居服、浴巾的储物柜在一层，需要来回上下楼梯，会非常麻烦。就算是手脚灵活的人也会感到费事。😀

所以，在二层的洗漱洗衣间旁边设计了集合收纳间。这个真的是太厉害了。除了睡觉以外的生活场所基本上都统一设计在二层，做起家务来也方便。一层也有卫生间和洗手台，方便晚上使用。✌

一层每个房间的储物柜都可以作为收纳空间，收纳上学或上班用的所有衣物。吃完早饭，在一层换好衣服就可以直接出门了。

虽然在一层设计 LDK 是惯例，但是对于采光不好的户型需要调整定式思维模式。当大家遇到这样的情况，不妨试试这样的房屋布局。✦

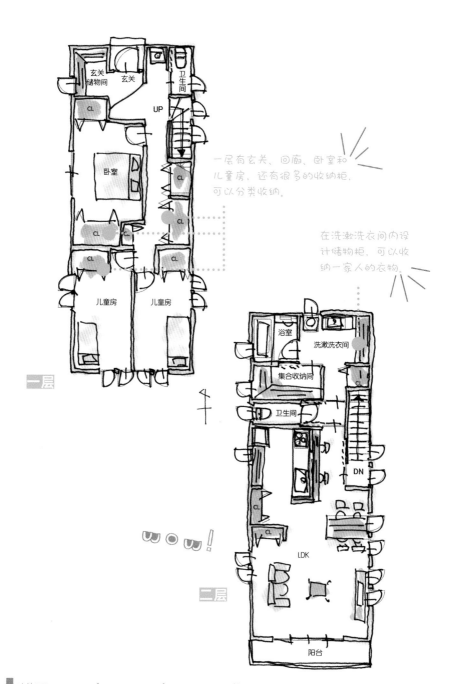

一层有玄关、回廊、卧室和儿童房，还有很多的收纳柜，可以分类收纳。

在洗漱洗衣间内设计储物柜，可以收纳一家人的衣物。

玄关储物间

玄关

卫生间

CL

UP

卧室

CL

CL

CL

CL

儿童房

C

CL

儿童房

一层

浴室

洗漱洗衣间

集合收纳间

卫生间

CL

DN

CL

LDK

阳台

二层

建筑面积：107.64㎡ (一层：53.82㎡ / 二层：53.82㎡)

CASE 22

从阳台到收纳间一条直线，收纳的全部流程可以马上完成

　　有了孩子后，每天要换洗的衣物就变多了。怎么会弄这么脏？就像在泥里滚过似的! 如果有 2 个孩子，实际的洗涤量还会更大。为了减轻妈妈的负担，尽量缩短衣物晾晒处和收纳处之间的距离，以下是几个不错的主意。

　　比如，不在儿童房内设计储物柜，取而代之的是设计一个集合收纳间。从阳台到收纳间一条直线，全部流程都可以在同一处完成，妈妈就不用拿着大量的衣物从这个房间跑到那个房间了。♥

　　偶尔也讨论下爸爸的话题吧。一层的楼梯设计在了客厅电视机的后面，这样，爸爸在看体育比赛的时候，就不会有人从电视机 前经过。

　　如果楼梯被设计在电视机和沙发的旁边，人在上下楼梯的时候就会从电视机前经过。田渊也守护了爸爸的小幸福呢!

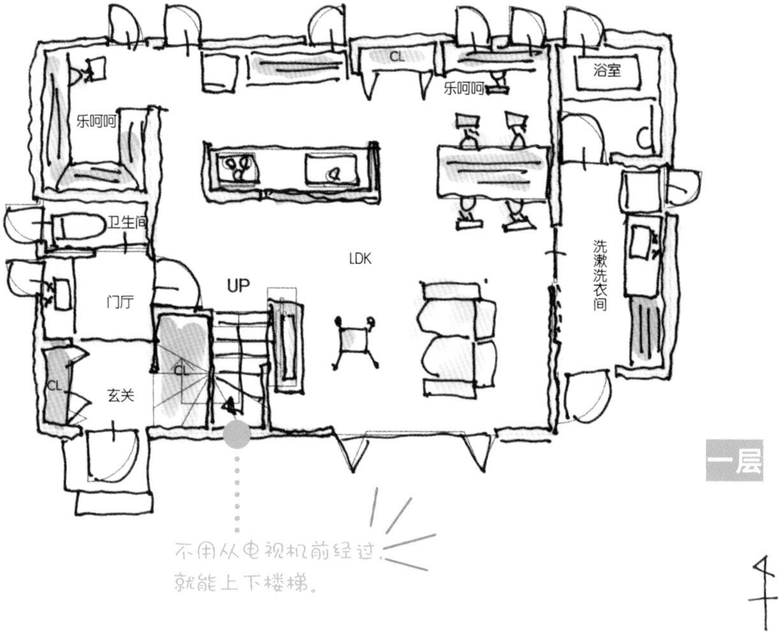
乐呵呵
CL
乐呵呵
浴室
卫生间
LDK
洗漱洗衣间
UP
门厅
CL
CL
玄关
一层
不用从电视机前经过，
就能上下楼梯。

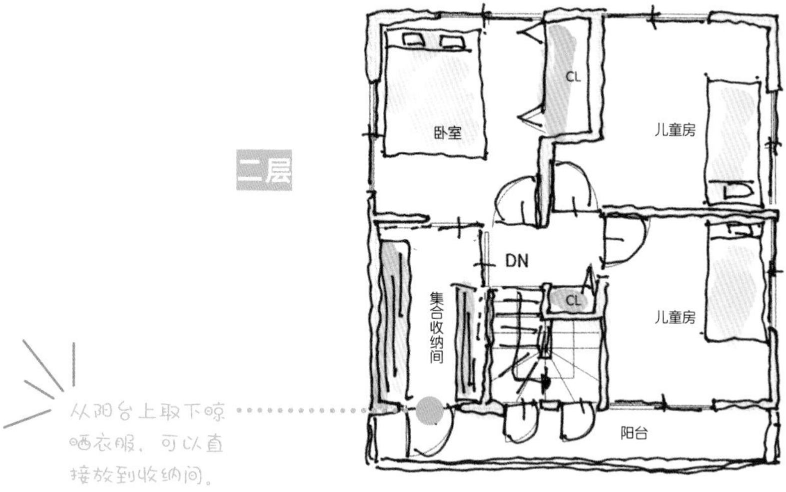
CL
卧室
儿童房
二层
DN
集合收纳间
CL
儿童房
从阳台上取下晾
晒衣服，可以直
接放到收纳间。
阳台

建筑面积：95.21m² (一层：57.54m² / 二层：37.67m²)

阳光满满的家

　　这里的房屋是在狭小的地面上建造的三层小楼。由于紧挨着邻居家的房子，要做到阳光充沛有点困难。但是，我们让大脑转起来。😎 在二层设计一个客厅，同时增加几个通风窗，阳光就可以透过窗户照进来。

　　在三层通风处旁边设计阳光房，中间用玻璃隔开，房间里日光充足，洗涤的衣物也会干得很快。

　　这家的业主是一对美容师夫妻。这对夫妻经营着一家美容院，从早到晚都很忙，所以导致他们常常将衣服晾上去后就放置不管了。如果是阳光房，就不用担心晾晒衣物会被雨淋。"在顶棚上设计一个下垂的晾衣杆就好了"，妻子眉开眼笑地说。☺

　　厨房侧面有一个供家人娱乐的桌台。孩子在这里做作业，会拉近和妈妈的距离。孩子高兴，妈妈也高兴，哎呀，真是个幸福的家。😄💗

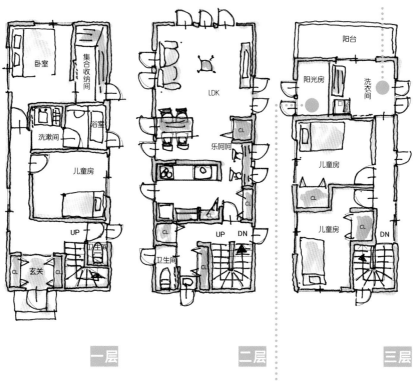

衣物很快就会晾干,
在暖洋洋的阳光房中
度过悠闲的午休时间。

卧室

集合收纳间

浴室

洗漱间

儿童房

UP

玄关

CL

CL

卫生间

一层

LDK

乐呵呵

CL

卫生间

CL

CL

CL

UP

DN

二层

阳台

阳光房

洗衣间

儿童房

CL

儿童房

CL

DN

三层

光线照射进来啦!
从三层到二层都被阳光包裹,
这都要归功于设计了通风口。

建筑面积:122.96m² (一层:42.85m² / 二层:42.85m² / 三层:37.26m²)

住到晚年也安心，每天的生活只在一层就 OK ♥

　　喜欢酒店式房间的人，来，举下手。✋ 是的，田渊也是其中一员。如果只在一层生活就好。随着岁月的流逝、年龄的增长，☺ 身体状况不好的时候也可安心居住。

　　一边这样想着，一边设计这个房屋。因此房间里满满的酒店式氛围。LDK、洗漱洗衣间、收纳间等全部都设计在一层。👍

　　洗漱洗衣间里可以设计 2 个洗漱池。☺ 在一层和二层也分别设计了卫生间，即便有 3 个孩子，清晨也不会有早高峰那样的拥挤感。

　　在浴室旁边设计卫生间，对女生来说很重要。不知道为什么的诸位男士试着问问妻子或者女朋友吧。

　　巨大的玄关储物柜可以充分收纳全家人的鞋子。等孩子进入社会离开家后，也可以存放夫妻俩收藏的物品。

　　每天都粘着父母的孩子，长大成人后会离开家一个人生活，然后偶尔回来看看。我是一边想着这种场景，一边画着房屋布局图的。😭

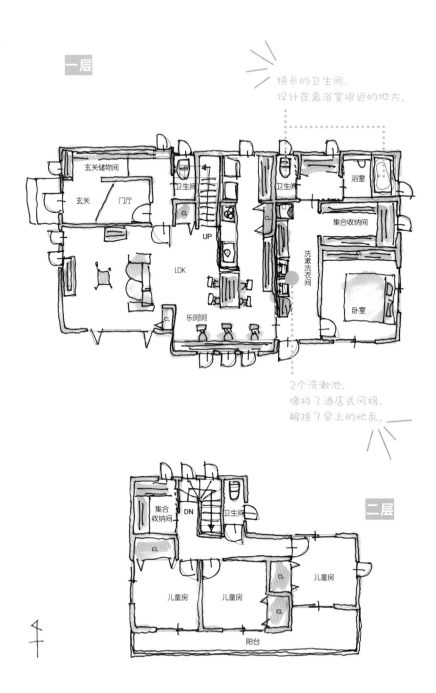

一层

狭长的卫生间，
设计在离浴室很近的地方。

玄关储物间
卫生间
玄关 门厅
CL
UP
LDK
CL
乐呵呵
CL
卫生间
CL
浴室
集合收纳间
洗漱洗衣间
卧室

2个洗漱池，
像极了酒店式风格，
解除了早上的忙乱。

二层

集合收纳间
DN
卫生间
CL
CL
CL
儿童房
儿童房
儿童房
阳台

建筑面积：142.22㎡（一层：101.23㎡ / 二层：40.99㎡）

71

带有车库的房子，
爱车人士要乐开花了

　　和爱车一起生活，这是爱车男士的梦想。✿ 说起这个车库，我好像是在哪本杂志上看见过。☺

　　好不容易建成的房子，好想把爱车也"放"进去呀，有这样想法的男士非常多。与此同时，"家里太小了，不行"这样持反对意见的女士也是很多的。☺

　　我认为室内车库不应该是让一家人都非常兴奋激动的空间么？下雨天孩子们可以和朋友们在这里玩耍，平时全家也可以在这里度过一个愉快的假期。✿

　　即便土地面积狭小，如只要建成一个三层小楼就可以充分确保居住空间了。一层设计大一点的洗漱洗衣间和集合收纳间，洗涤、晾晒、收纳整个过程就可以在一个地方全部完成。二层设计了阳台，如果想在外面晾晒就要上楼。三层设计了儿童房和夫妻俩的卧室，一共 3 个房间。其中夫妻俩的卧室是田渊最得意的设计。也许以后可以将其分成两个空间，现在是亲子一起住的房间。♪

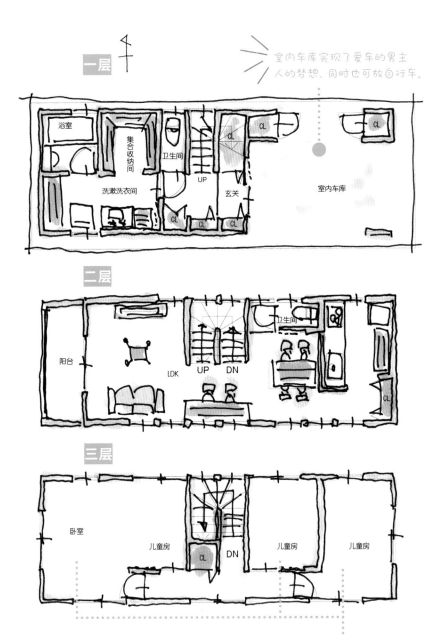

一层

室内车库实现了爱车的男主人的梦想，同时也可放自行车。

浴室

集合收纳间

卫生间

CL

CL

洗漱洗衣间

UP

玄关

CL   CL   CL

室内车库

二层

阳台

LDK

UP   DN

卫生间

CL

三层

卧室

儿童房

CL   DN

儿童房

儿童房

三层非常奢侈地设计了了3个房间，谁住哪间房，这个决定的过程也让人兴奋激动。

建筑面积：119.22㎡（一层：39.74㎡ / 二层：39.74㎡ / 三层：39.74㎡）

餐桌旁边开扇窗户，
白天阳光洋溢，夜晚月色撩人

　　如果被问对于一个幸福房屋的布局来说什么是必要的？设计师会毫不犹豫地说，采光、通风、收纳、动线。这其中要重点说的是采光。❀ 如果可以沐浴阳光，体内的生物钟就会重置。早晨起来，看到朝阳，心情也随之变好。今天要好好努力！田渊我就是这样的。✿

　　吃早饭的餐桌旁如果有扇咖啡厅风格的小窗会让人很开心吧。这个布局中的窗户不在东边，阳光无法直接照射进来，但依然可以感受到满屋柔和的光线。

　　夜晚，偶尔也可以关掉灯，欣赏美丽的月色。忙起来的时候你也许不会在乎那抹光线的美，☺ 但是它会悄悄地治愈你一天的疲劳。在光感充沛的客厅、餐厅里，度过美好的每一天吧！✦

　　顺便提一下，布局图中并没有那扇咖啡厅风格的小窗存在，那只是设计师的一个想法。☺

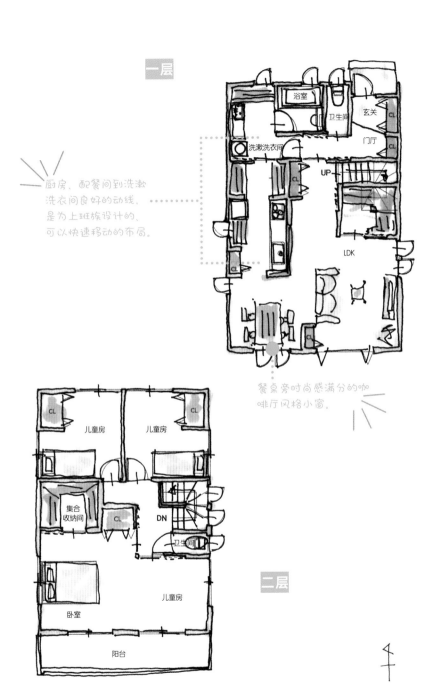

一层

浴室

卫生间

玄关

门厅

CL

CL

洗漱洗衣间

CL

UP

LDK

CL

CL

厨房、配餐间到洗漱
洗衣间良好的动线，
是为上班族设计的，
可以快速移动的布局。

餐桌旁时尚感满分的咖
啡厅风格小窗。

二层

CL

CL

儿童房

儿童房

集合
收纳间

CL

DN

卫生间

卧室

儿童房

阳台

■ 建筑面积：115.92㎡（一层：60.86㎡ ／ 二层：55.06㎡）

CASE 27

客厅楼梯口安装推拉门，
节能效果好，动线清晰

之前设计的房子，进入玄关后，先是走廊，然后是楼梯……这样的布局很多。可能是因为当时土地面积比现在宽裕吧。最近，人们都偏重于缩小玄关和走廊的面积，同时扩大客厅的面积。

楼梯建在客厅里的情况也随之增加，这样就可以从客厅直接上二层了，但这种设计，冬天的暖气和夏天的冷气也会跑到二层去，一点都不节能。☺因此，设计师推荐在客厅的楼梯口装上一扇推拉门，不使用空调的季节可以一直敞开，增加开放感。

玄关储物间可以不安装门，只设计一个顶壁就可以很好地将空间划分开。如果设计一个三角形的顶壁，会呈现出完全不一样的效果，只要站在那里就莫名地会有一种兴奋感呢。☺就算有点乱也是可以被原谅的。像这样的顶壁效果是绝佳的。比起安装一扇门，顶壁更加经济，所以设计师想让人家使用顶壁。如果装上时尚的照明灯就更让人激动了。♪

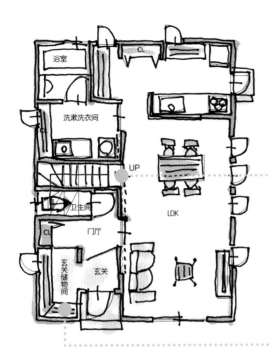

浴室

洗漱洗衣间

UP

卫生间

门厅

LDK

CL

玄关储物间

玄关

离客厅非常近的楼梯，形成了可以快速上下楼的良好动线。

一层

看见了也没关系！相反，想让人看见才设计了开放型的玄关收纳柜。

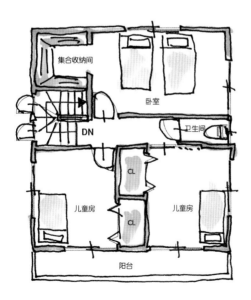

集合收纳间

卧室

DN

卫生间

CL

儿童房

CL

儿童房

阳台

二层

▎建筑面积：98.53㎡（一层：55.06㎡ / 二层：43.47㎡）

兼有配餐功能的娱乐间
宽敞明亮

这次的户型是有着娱乐间的住宅。这个娱乐间位于厨房的旁边，设计了缝纫机、熨斗的使用空间，和配餐室连接，具有方便来回移动的完美路线。在入口处设计一个三角形或者拱形的顶壁，看起来像极了马戏团的小屋，满满的喜感。☺

这个娱乐间有很多用途，比如，孩子可以在这做作业，家人可以在此收纳常用药物、胶布等。👍

设计师的方案中，一层 6.5m² 的洗漱洗衣间非常受欢迎。晾衣杆肯定是常设的，可以直接把洗好的衣物拿去晾晒。

楼梯下面可以收纳吸尘器等打扫用具。厨房和娱乐间中间的储物柜可以用来放砂锅、烤肉架这类厨房用品。

通风性也可以得到保证。👍 风可以从儿童房和卧室两处进入，一层的微风徐徐地穿过娱乐间，心情别提有多好了。😣

像之前的方案一样，在楼梯口装上一扇推拉门，这样既环保又节能。😎

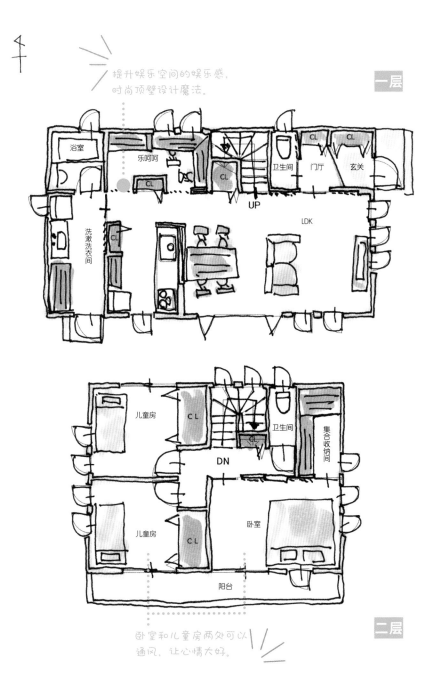

提升娱乐空间的娱乐感，
时尚顶壁设计魔法。

一层

浴室

乐呵呵

CL

洗漱洗衣间

CL

CL

UP

卫生间

门厅

玄关

CL

CL

LDK

二层

儿童房

CL

DN

卫生间

CL

集合收纳间

儿童房

CL

卧室

阳台

卧室和儿童房两处可以
通风，让心情大好。

建筑面积：96.88㎡（一层：54.65㎡／二层：42.23㎡）

79

喜欢户外野营的一家人
非常满意的大容量玄关收纳空间

　　最近，想设计 3 间儿童房的布局需求日益增多。有 3 个孩子，单单从物品这一点来说就会大幅度增多，所以一针见血地说就是"收纳"。田渊家有 2 个孩子，让人意外的是与学校相关的文件太多，联络事项、课后作业等纸质资料真是堆积如山。😰

　　如果将这些东西到处放，光是找起来就非常麻烦。对于上班族来说，工作的每一天都要跟时间打仗。因此在厨房旁边设计了一个长长的桌台，顺便设计了收纳柜。将与学校相关的文件收纳在这里，省掉了许多麻烦。👌

　　如何才能让每天生活得非常顺畅呢？设计师认为动线是重中之重。左右两边都可以进入厨房，可以一边做饭一边兼顾其他家务，比如看看正在做作业的孩子，快速移动到洗衣房等等。年龄大的 2 个孩子可以有各自的房间，最小的孩子可以和父母一起睡。小孩子稍微长大些后，将主卧室隔开另做儿童房也是可以的。

　　玄关处宽敞的储物间可以收纳儿童三轮车、呼啦圈、跳绳和野营用品等。将孩子课外活动用的东西放进去，也绰绰有余。☺

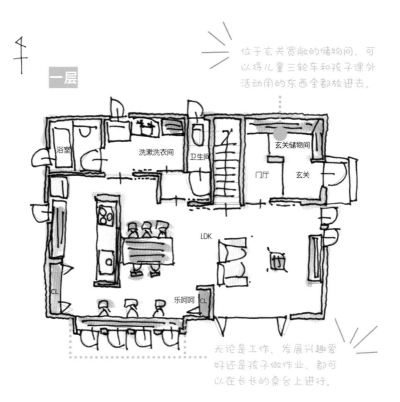

位于玄关宽敞的储物间，可以将儿童三轮车和孩子课外活动用的东西全都放进去。

浴室

洗漱洗衣间

卫生间

玄关储物间

门厅

玄关

LDK

乐呵呵

CL

CL

无论是工作、发展兴趣爱好还是孩子做作业，都可以在长长的桌台上进行。

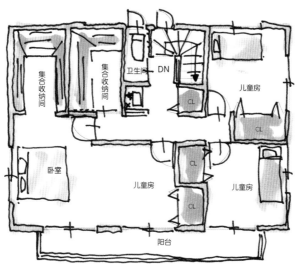

集合收纳间

集合收纳间

卫生间

DN

CL

儿童房

CL

卧室

儿童房

CL

儿童房

CL

阳台

建筑面积：117.57㎡（一层：59.61㎡ / 二层：57.96㎡）

做家务累了就稍作歇息

充分享受自己的时间

娱乐空间和娱乐桌台

修修指甲、做做刺绣、埋头于手工艺品的制作……在让人愉快的空间里度过属于自己的美好时光。家里有一个这样的空间，全家人都会非常开心。

田渊风格的
No.1

从哪个方位欣赏都能让你开心的娱乐空间

贴满碎花墙纸的娱乐空间，左边是客厅，中间隔着一堵墙，墙上一扇绿边的小窗。从客厅看过去像是一个陈列窗。无论是从哪个角度看都不自觉地让人开心。

在房间角落创造的专属空间

因为房间的结构限制导致不能设计一个长长的桌台，这种情况下可以在房间的一角设计小桌台，不仅有开放感还有专属空间。顶棚上装以专用的壁灯，一种空间专属感油然而生。

在最好的位置设计壁窗，让人心花怒放、兴奋不已

壁窗没有什么特别的意义，只是看起来很可爱，有点像电影《海鸥食堂》里的感觉，一抬头在视线所及之处开了一扇小窗，增加满满的开放感。旁边的储物柜为侧向设计，从客厅望去不会被看到。

厨房里设计了梳妆台，娱乐空间自由决定

将梳妆台设计在厨房里，让人感觉好惊讶。应业主的要求，此处的窗户和照明都是为这个梳妆台准备的。让人激动兴奋的设计总是因人而异，每个人都可以在自己喜欢的地方创造自己的专属空间。

全家人都爱用的超长桌台

在桌前一坐，放眼全是公园的绿色。这对夫妻喜欢DIY小工艺品，所以在这个宽敞明亮的地方设计了长3.6m的桌台。搭配什么样的吊灯好呢？光想想就好兴奋。

用混凝土格调的墙纸装饰出属于自己的风格

这家的男主人好像非常憧憬无机质感的房间。混凝土格调的墙纸很好地展现了这种感觉。只是进来一看，发现女主人用的东西中许多是粉色风格的，无机质感可能有些降低。

为了增加亲子在一起的时间，在厨房前设计了孩子们的空间

这对夫妻经营着一家荞麦面店。因为想增加和孩子在一起的时间，所以就在厨房前设计了孩子专属的长桌台。这样可以让一家人近距离接触，女主人做饭的时候也可以享受和孩子一起聊天的乐趣。

在为抗震设计的墙壁后打造专属秘密空间

这个长桌台设计在抗震墙壁的后边，是一个丰富多彩的生活空间。在墙壁上留个小窗，可以感受到客厅里家人的气氛。

用各种墙纸装点的乐趣

这家女主人喜欢给小狗做衣服，因此设计了可以放置缝纫机的房间。窗框内并没有安装玻璃，完全可以坐在里面看电视。其中有一面墙上贴了圆点花纹的墙纸，成为视觉的焦点。

感觉上像钓鱼的房间，可以俯视客厅的空间

这是一个在客厅上面延伸出来的二层空间。男主人可以在高处享受看电视的乐趣，这里也配置了投影仪，夫妻俩也可以一起享受在此看电影的悠闲时光。

CASE 30

能和孩子愉悦地交谈，让孩子茁壮成长的家

　　家庭的氛围是可以自己创造的，而且有些只能是自己才能创造的。

　　田渊想给大家的建议是，无论创造什么样的环境都应该让人面露笑容。也就是说，要有很多的娱乐空间和娱乐桌台的设计。秘密小屋、自娱自乐间，给这样的房间取名字也在于此。家中设计一个会让人兴奋起来的空间，是不是很开心呢。☺ 这样，夫妻间谈话、亲子间交流都会随之增多，然后大家一起开心快乐地生活，真是个幸福的家。

　　像这样的桌台，这里之所以设计成L形，是为了让全家人都可以使用。孩子在写课后作业的时候，数学就问问爸爸，语文就问问妈妈，在这样一个温馨的氛围下，孩子的作业也会很快地完成吧。☺

　　二层长长的走廊也可以设计成自娱自乐空间，贴上可爱的墙纸瞬间会让人有心跳的感觉。顶棚上设计下垂的晾衣杆，在梅雨季节里也可以随心所欲地晾衣服，妈妈也很开心。☻

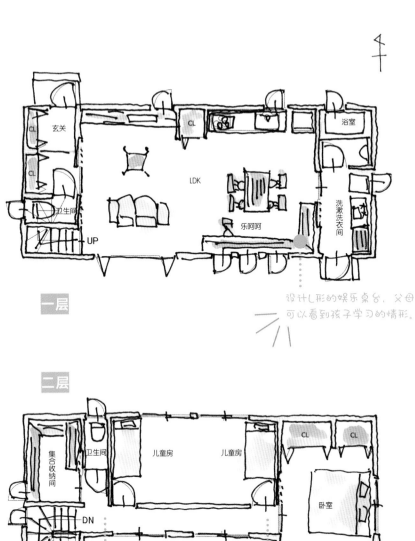

一层

洗漱洗衣间

浴室

CL

玄关

LDK

乐呵呵

卫生间

UP

设计L形的娱乐桌台，父母
可以看到孩子学习的情形。

二层

集合收纳间

卫生间

儿童房

儿童房

CL

CL

卧室

DN

阳台

在下雨天里，长长的
走廊变成衣物晾晒间。

建筑面积：97.71㎡（一层：51.75㎡／二层：45.96㎡）

CASE 31

玄关门厅处设计衣柜风格的收纳空间

这是一个带有配餐室的娱乐空间，非常宽敞。可以设计成漫画咖啡厅风格的，也可以设计成手工艺制作间风格的。有着大容量的收纳空间，只要是你喜欢的东西，什么都可以放进来。😊还可以装一扇窗以增强通风性能。

房间的入口处设计了顶壁，完美搭配玄关门厅处顶壁的高度。玄关收纳柜不安装柜门，挂上衣架，和顶壁相互映衬，看起来就像是一间时装店铺。♪

♥ 即便是结婚了也想拥有一个属于自己的空间，但又不能忽略了夫妻俩的存在感。将娱乐间设计在餐厅、客厅的旁边也是这个原因。虽然隐藏在自己的小空间里，也可以感受到家人就在身边。♥ 这样的布局，是不是很让人开心？

一天之中，有部分时间是在只有自己的小空间中度过，这样不仅可以放松心情，也可以心平气和地对待孩子和伴侣，不觉得很棒吗？

重视自己的时间和空间，想在日本推广这样的房屋结构布局，就是田渊的心愿。☆

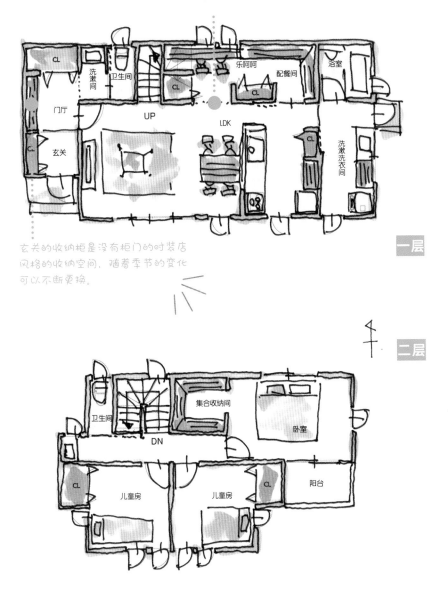

在配餐间和娱乐间的入口
设计时尚的顶壁，张力满满。

CL
洗漱间
卫生间
门厅
玄关
CL
UP
CL
乐呵呵
配餐间
浴室
LDK
CL
洗漱洗衣间

一层

玄关的收纳柜是没有柜门的时装店
风格的收纳空间，随着季节的变化
可以不断更换。

二层

卫生间
集合收纳间
卧室
DN
CL
儿童房
儿童房
CL
阳台

建筑面积：100.19㎡（一层：58.38㎡ / 二层：41.81㎡）

拥有各自独处的小房间，
男士娱乐间、女士娱乐间

我的"乐呵呵"和你的"乐呵呵"！你觉得怎么样呢？就这样把娱乐空间分隔开了。

这里重新介绍一下，这次的娱乐间是之前的进化版，有男士娱乐间和女士娱乐间，两个娱乐间是分开的，不是共用的。

虽说是夫妻，一整天都面对面也会觉得无聊。而且，各自也应该都想有独处的时光。设计师认为即便是结婚了也要重视自己的时间和空间，为家庭成员设计各自娱乐空间的灵感就来源于此。

在各自的房间分别安装推拉门，想集中精力学习、工作的时候就关上门；想度过一份自己的时光但又想感受家人氛围的时候，就可以打开门。可以根据心情自由切换。

以上详细解说了娱乐间的功能，关于幸福房屋布局不可欠缺的通风、采光、收纳、动线等基本要素，无论什么样的房屋布局都是有的。

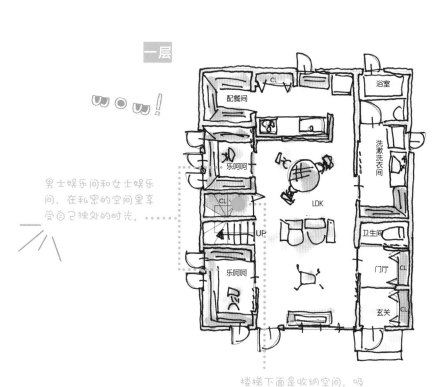

一层

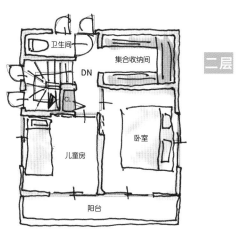

二层

配餐间

CL

UP

浴室

乐呵呵

洗漱洗衣间

LDK

CL

卫生间

UP

门厅

CL

乐呵呵

玄关

CL

男士娱乐间和女士娱乐间，在私密的空间里享受自己独处的时光。

楼梯下面是收纳空间，吸尘器、常用药、胶布胶带等，什么都可以收纳。

卫生间

集合收纳间

DN

CL

儿童房

卧室

阳台

建筑面积：92.74㎡（一层：62.93㎡／二层：29.81㎡）

以厨房为中心设计良好的动线

房屋布局之神降临了！

不到 96m² 的房子，有着大容量的玄关储物间，大面积的娱乐桌台空间，具有超强的收纳能力。光线可以很好地照射进来，风也可以自由地穿过。另外，以厨房为中心设计良好的动线，可以快速地绕着厨房转一圈，这个布局很方便吧！

对于女性来说，家里待的时间最长的地方要属厨房了。在厨房空间里，有着良好的动线、大容量的收纳、毫无压力的氛围，这样的厨房肯定会让人很幸福吧。

比如，从厨房到楼梯，从厨房到洗漱洗衣间，从厨房到餐厅，以厨房为中心的设计，在家中无论去哪儿都很便利。厨房的料理台左右两边都是空的，无论进出哪里都比较方便。这和厨房的大小没什么关系，是布局设计的合理。认真考虑下收纳柜和料理台的布局，就会设计出可以快速移动到任何地方的厨房，就像穿着旱冰鞋来回跑一样。

对于上班繁忙、下班回家还要做家务的主人来说，良好的动线是必不可少的。

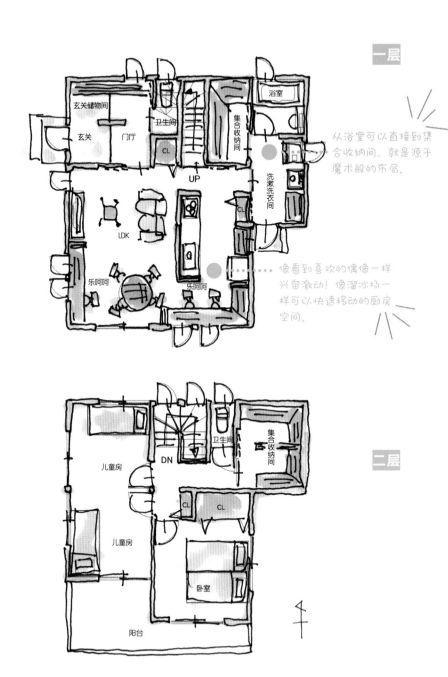

从浴室可以直接到集合收纳间，就是源于魔术般的布局。

像看到喜欢的偶像一样兴奋激动！像溜冰场一样可以快速移动的厨房空间。

浴室

玄关储物间

玄关　门厅

卫生间

CL

集合收纳间

洗漱洗衣间

CL

LDK

乐呵呵　乐呵呵

UP

儿童房

DN

卫生间

集合收纳间

CL　CL

儿童房

卧室

阳台

建筑面积：95.64㎡（一层：54.03㎡ / 二层：41.61㎡）

CASE 34

理想的三层小楼♪

三层小楼的布局图，看起来有点小，😊 但是幸福无处不在。✋

从一层开始，玄关处设计了鞋柜和加深的储物柜，回廊处有一个 4.8m² 的集合收纳间，从洗漱洗衣间或者走廊任何方位都可以进出这里，十分方便。有人在浴室的时候也不用担心，可以从走廊处进出，方便从浴室出来取衣物。三层小楼，肯定想尽办法避免上下来回跑，😄 洗漱洗衣间的收纳柜和这个集合收纳间可以收纳全家人换洗的衣物。👌

上去二层，是一个 31.6m² 的 LDK 空间，😃 厨房后面是长桌台和橱柜。餐厅和客厅的东侧是娱乐空间和收纳空间。这样"适材适所"的设计，孩子们既可以在此写作业，主人也可以在此收纳砂锅、烤肉用品等。

儿童房在三层，要上去就必须通过二层的客厅，所以家里不会存在亲子之间零沟通的问题。👍 设计师还设计了室内晾晒间，上班族也不用担心天气的问题。⚙

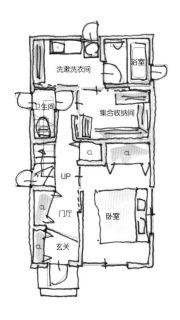

洗漱洗衣间

浴室

卫生间

集合收纳间

CL CL

UP

门厅

卧室

玄关

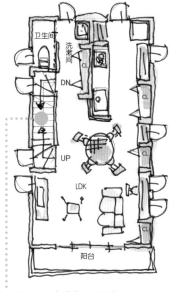

卫生间

洗漱间

CL

DN

CL

UP

LDK

CL

阳台

DN

儿童房

CL CL CL

晾晒间

儿童房

阳台

要去三层的儿童房就必须经过二层的客厅，让家庭成员间可以保持良好的交流。

和天气问题说拜拜！有了室内晾晒间，无论是下雨、下雪都不用担心。

建筑面积：100.19㎡
（一层：37.26㎡／二层：37.26㎡／三层：25.67㎡）

洗涤衣物可以晾晒兼存放　毫无压力地大量收纳

多功能的洗漱洗衣间

洗好衣物后当场就可以晾晒，具备晾晒空间的洗漱洗衣间十分受
欢迎，大容量的收纳空间，让做家务也变得轻松开心。

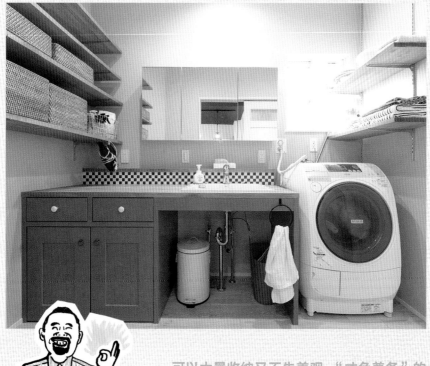

田渊风格的
No.1

**可以大量收纳又不失美观，"才色兼备"的
空间**

只是刷个牙就会激动到心跳，时尚又明亮的洗漱洗
衣间。可移动的隔板收纳架能够收纳一家人的家居
服、浴巾等物品。白色和藏青色拼贴的瓷砖完美地
搭配了洗手台的色调。顶棚上安装有晾衣杆。

鲜艳色彩的使用让整个空间一下子丰富多彩了

在洗漱洗衣间的隔壁设计了收纳储物间，形成一种良好的动线。拼贴造型看起来像鲱鱼骨的地面，其实只是普通的地板砖，防水性能极好。

这里置入了节能设计，有效地利用泡澡后的热水

为了有效地利用泡澡后的热水，从浴室到洗衣机安装了水管道。拧开水阀就可以使用剩下的热水。在浴室的进出口附近设计了桌柜，沐浴后可以随手放置用过的浴巾、毛巾等物品，是不是很方便呢？

洗涤衣物的晾晒、折叠、存放在同一个地方就可以全部完成

因为想要一个叠衣服的地方，所以在这里设计了桌柜。下面是大容量的收纳空间。顶棚上设计了电动升降的晾衣杆。洗涤衣物的晾晒、折叠、存放在同一个地方就可以全部完成。

像浴室一样宽敞的、正方形的洗漱洗衣间

左手边有个很大的通风窗，阳光可以透过窗户照进室内。晴天，打开窗户可以将衣物晾晒在外面；雨天，可以将衣物晾晒在室内。这个房间的重点在于，田渊设计的那扇门超级可爱。

衣服叠好后，放入收纳架上的篮子里，篮子的设计方便东西的拿取

在收纳架正前方的顶棚上安装了晾衣杆，晾晒好的衣物可以先分类叠好放入篮子中，然后用篮子将衣物运到每个房间。业主的要求是这个篮子要刚好能放入收纳架中，所以收纳架隔间的高度是根据这个设计的。

便利的厨房出入口也是光和风的通道

在洗漱洗衣间设计厨房的出入口是设计师的风格。在外面玩耍弄脏了衣服的孩子一回到家就可以直接去浴室。业主可以直接从洗衣房去院子里晾晒衣物、扔垃圾，还可以由此处进入厨房。想象这样生活的人也很多吧。

好像完全置身于大海之中，阳光洒进来，变身为治愈系空间

照片上没有显现出顶棚上的天窗。透过天窗，阳光洒在天蓝色的墙壁上，展现出无以言表的美。这是一个可以心情舒畅地做家务的地方。

圆点花纹，心动的晨间时光

穿过三角形的拱门，是一个看起来像试衣间的储物间。只在正面贴了圆点花纹墙纸，其他三面都是白色的墙纸。地面贴了条纹瓷砖，顶棚设计了电动晾衣杆的暗格，下雨天也可以完美应对。

稳重大气、成熟感满满的设计让心情也美美哒

左手边是浴室，脱下来的衣服可以放入洗手台下面的篮子中。干净的浴巾、毛巾、内衣等物品可以放在隔板收纳架上。这个设计的重点在于藏青色的地板砖，显得稳重大气、成熟感满满。

用颗粒状花纹装饰娱乐间顶棚，让人乐翻天

最近，设计师追求的设计理念是"平凡的时尚"。在服装界这是一个人们耳熟能详的词，在房屋设计上也是一个很重要的词。

"平凡的时尚"用来比喻房屋，通常是指普通材质的地板、白色的窗户、白色的顶棚等，一个极其普通的家。但这不是终结，所谓"平凡的时尚"是在无形中加入自己独有的元素，这些元素让家和时尚息息相关。设计师是这么认为的。

这些独有的元素要怎样才能呈现呢？使用墙纸就是其中一种方法。比如，离地面 30cm 高的白墙贴上浅灰咖色墙纸，这个房间的氛围一下子就会大有改观，而且还节约成本。用墙纸来改善房间的气氛，装修工人可能会费点事，但是设计师建议大家有机会一定要尝试一下。

在这个房屋布局中，餐桌旁边的墙纸和娱乐间中的一部分墙纸，用流行的颗粒状花纹或者植物花纹将其区分会怎么样呢？可以试着想象一下。

接下来，设计师会继续追求"平凡的时尚"哦！

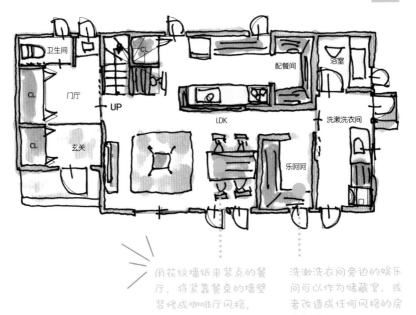

用花纹墙纸来装点的餐厅，将紧靠餐桌的墙壁装修成咖啡厅风格。

洗漱洗衣间旁边的娱乐间可以作为储藏室，或者改造成任何风格的房间都可以。

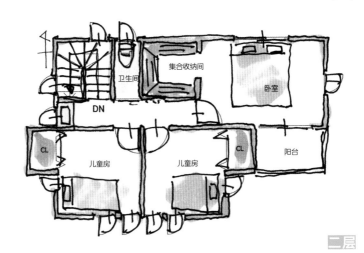

建筑面积：99.37㎡（一层：58.38㎡ / 二层：40.99㎡）

无论何时都可以感受到
恋人就在身边的房屋设计 ♥

这次的布局图稍微有些变化，是因想起以前读过的一本小说而画出来的。

这个家的名字是"帅气潇洒的恋人"。恋人的年龄不详，也有可能是一对夫妻。两人都很喜欢时尚，家中常常放音乐，各种类型都有，爵士、嘻哈等。他们基本不看电视，男士偶尔会看看棒球、足球节目，女士喜欢看杂志，说着好想去国外旅行，结果计划计划着就没下文了。但是仅仅计划的过程就会令人很享受。♡

两人梦想中的家，是无论何时都可以感受到恋人就在身边的房屋。为什么呢？因为双方都是安静的人。女孩在床上看书累了就会不自觉地睡着，早晨起来了在洗手间化个妆。刚睡醒的男孩拖着懒洋洋的身体，去烤个面包，这期间顺便做个早操，早操是每日必备的早课。双方不会相互干涉，但却能时时感受到对方的存在。😎

为什么会是这样一种情形呢？出渊也不清楚。但是这个设定田渊很满意。哈哈 😝 明天也要好好地加油！

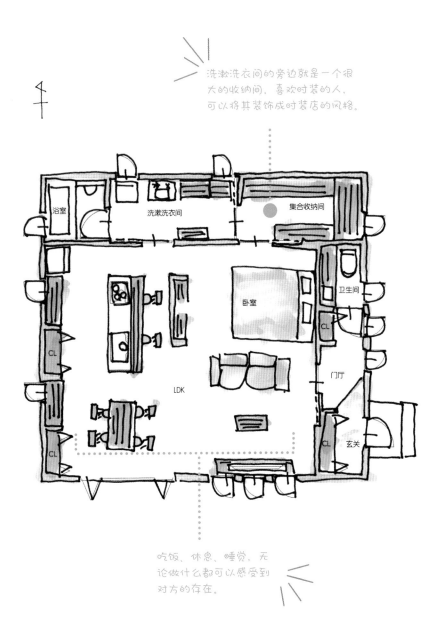

洗漱洗衣间的旁边就是一个很
大的收纳间，喜欢时装的人，
可以将其装饰成时装店的风格。

浴室

洗漱洗衣间

集合收纳间

卧室

卫生间

CL

LDK

门厅

CL

CL

玄关

吃饭、休息、睡觉，无
论做什么都可以感受到
对方的存在。

建筑面积：74.52㎡

以厨房为中心，无论去哪，都可以快速地移动

　　关于这个布局图，设计师首先想给大家介绍的是厨房的位置。因为厨房位于家的中心，可以快速地去洗漱洗衣间、楼梯、客厅、玄关等等。厉害吧！✌

　　具有良好动线的房子，做起家务活来会轻松不少。😆 繁忙的上班族也会身心愉悦，设计师也十分开心。♥

　　餐厅有着设计师非常喜欢的落地窗。木质平台可以设计在客厅旁边，或是像这样设计在餐厅旁边会更好。从厨房就可以看到外面的木质平台。😎

　　关于收纳，若要放得下三轮车、长靴等又高又长东西的空间，可以将玄关储物柜的下半部分设计成开放型的，也可以设计成活动式的储物架，以便根据孩子的成长阶段对空间进行改造。

　　厨房侧面是收纳空间，往里是配餐室、起居用品储物柜。配餐室可以收纳厨房相关用品，起居用品储物柜可以收纳吸尘器等打扫用品，像这样分类收纳，可以迅速地找到自己想要的东西。

　　"适材适所"的收纳才是生活便利的要点。👍

一层

将玄关储物柜下半部分设计
为开放型的储物空间，可以
收纳三轮车、长靴等物品。

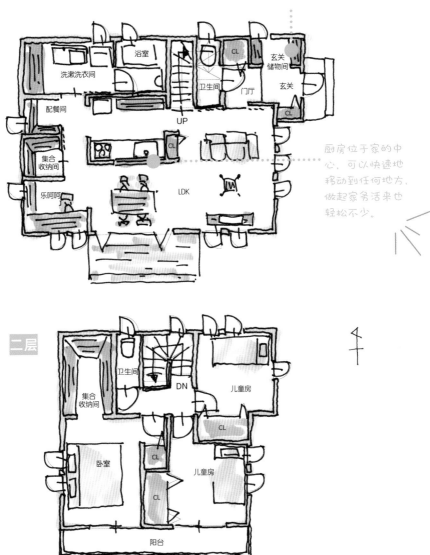

浴室

洗漱洗衣间

CL

玄关
储物间

卫生间

门厅

玄关

配餐间

UP

CL

集合
收纳间

乐呵呵

LDK

厨房位于家的中
心，可以快速地
移动到任何地方，
做起家务活来也
轻松不少。

二层

卫生间

DN

儿童房

集合
收纳间

CL

卧室

CL

CL

儿童房

阳台

建筑面积：100.61㎡（一层：57.55㎡／二层：43.06㎡）

CASE 38

漫画咖啡厅风格的图书空间

这次的布局图是个平板房，实际上田渊非常喜欢这个作品，喜欢到想把它作为自己的家。向往的酒店式生活，希望在一层就可以完成所有生活起居，那就是这个布局了。即便上了年纪，身体条件大不如前也不用担心。

玄关设计了储物柜。明明在一层却还是设计了两个卫生间，并且其中一个带有洗手台。客人就不用专门去洗漱洗衣间了，是不是感觉好很多呢？

厨房旁边设计了娱乐桌台。关于洗漱洗衣间，无论是从厨房还是从卧室过去，都很便利。从卧室到洗漱洗衣间的距离近的话，早上收拾起来会轻松很多。👍洗漱洗衣间旁边有间 3.2m² 的集合收纳间。

最令人兴奋的当属客厅边上的图书角。可以在这里看书、学习、工作，甚至是做指甲。在入口处挂一幅帘子，完全一种小单间的感觉。或者做成漫画咖啡厅风格的小屋也是美美哒。😊

在田渊风格的小屋里，戴着耳机听着自己喜欢的音乐，或者一边感受着家人的气息一边工作，想想就好幸福！

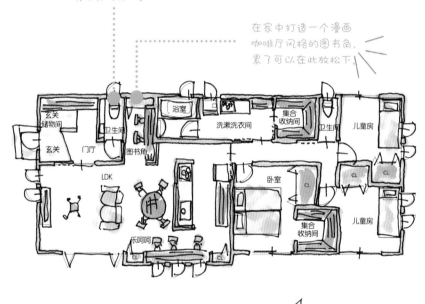

客人专用洗手间位于玄关
旁边, 打扫起来很轻松,
心情也变得舒畅。

在家中打造一个漫画
咖啡厅风格的图书角,
累了可以在此放松下。

玄关
储物间

玄关

门厅

卫生间

LDK

浴室

图书角

洗漱洗衣间

集合
收纳间

卧室

集合
收纳间

卫生间

儿童房

CL

CL

CL

CL

CL

乐呵呵

儿童房

建筑面积：105.58㎡

可以收纳 3 个宝宝物品的
大容量储物柜

2 个大人和 3 个小孩的房间，在以往的需求中是最多的。

首先是玄关。玄关处设计了储物柜，可以充分收纳全家人的鞋子和其他用品。☺ 然后是玄关门厅处设计了卫生间和洗手台。可以洗洗手和脸，使灰尘和细菌不易被带入，守护全家人的健康。

如果家里有女孩，最好有个更衣室。10m² 的洗漱洗衣间可以收纳孩子们所有的家居服等物品，也可以设计晾衣杆。

二层儿童房的面积全都是 15m²，且带有储物柜。另外，回廊处还设计了 10m² 的集合收纳间，收纳能力绝对是很棒的。现阶段将其中一间儿童房和主卧连在了一起，最小的孩子可以跟父母睡在一个房间，长大了再将其隔断开岂不是更好？

二层还设计了卫生间和洗手间，早上的洗漱时间也不会很拥挤混乱。怎么样，是不是很开心呀？

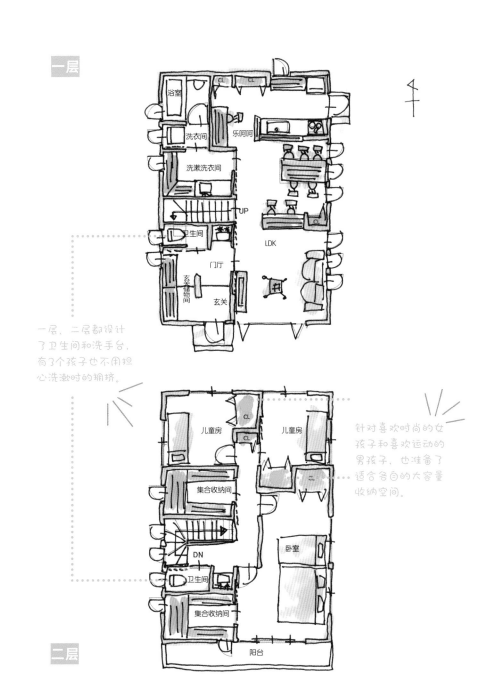

浴室

CL CL

洗衣间 乐呵呵

洗漱洗衣间

UP

卫生间

LDK

门厅

玄关储物间 玄关

一层、二层都设计
了卫生间和洗手台，
有了个孩子也不用担
心洗漱时的拥挤。

儿童房 CL CL 儿童房

集合收纳间

DN

卫生间

卧室

集合收纳间

针对喜欢时尚的女
孩子和喜欢运动的
男孩子，也准备了
适合各自的大容量
收纳空间。

阳台

建筑面积：115.92㎡（一层：57.96㎡ / 二层：57.96㎡）

收纳能力超强

设计师在设计上花了大心思

让家人笑逐颜开的玄关

玄关可以说是代表着一个家脸面的地方。无论何时都应该是干干净净的，所以设计了玄关储物间，充分收纳全家人的物品。即便是狭窄的玄关，也可以多花点功夫，让其摇身一变成为宽敞明亮的空间。

田渊风格的
No.1

柜门、地板、储物架，不同设计的完美搭配

没有门的收纳架看起来非常时尚。这个收纳架是活动式的，木板可以自由增减。玄关前门厅处的鱼骨状拼贴花纹的地板真的是太棒了！

玄关处的洗手台，将病毒封杀在此

最近，要求在玄关处设计洗手台的人不断增多。客人可以在此洗手，主人回家后也可以在这里洗洗手、漱漱口，预防感冒。旁边的空隙，可以用来收纳拖鞋和包包。

视觉魔术的驱使，使狭窄的玄关也变得很敞亮

为了使狭窄的玄关看起来很敞亮，可以将玄关门厅设计成倾斜的。比起直线进入，这样的设计能让视野范围更宽广，就会有很敞亮的感觉。灯光照明也可以辅助呈现这个效果。

不设门的收纳间，在什么地方放了什么，一目了然

因为开门、关门很麻烦，所以最近很多人的玄关储物柜不安装柜门。收纳各类物品没有门会更方便。在设计阶段，要认真考虑在什么地方放什么东西。

完全像是一个小店铺的展示收纳柜

进入玄关，在正前面设计了展示收纳柜。出门的时候，可以快速地拿取衣物、包包等，非常方便。用墙纸稍作装饰，瞬间将其变成店铺风格的可爱收纳空间，看起来清爽的原因在于衣架使用的统一。

想设计窗户也想要收纳空间，把这个烦恼交给设计师吧

玄关处，既想设计窗户，也想加大收纳空间。对于这个问题，田渊给出的答案是在橱柜里装个窗。😝 装个有空隙的门，光线可以照进来，玄关也可以通风了。

秘密小屋般时尚的玄关储物间

从三角形顶壁向里看是红色的墙壁，这种视觉组合既可爱又绝妙。此处的亮点就是活动式储物架，从入口处看是对称的。

将自行车挂在黑白分明的墙面上，可作收纳展示

墙面选择黑白壁纸区分粘贴，然后挂上自己喜欢的自行车作为收纳展示。为了能从客厅看到墙上的自行车，在客厅和玄关之间的墙壁上开了小窗。根据墙纸颜色的不同，开放感的程度也会有所不同。

不擅长整理的人可以在储物柜上安装一扇门，清爽感满满

在墙壁的拐角处增加一个收纳空间。可以在一边的储物柜里放鞋子，另一边增加的储物柜里放滑雪、田径等用具。大多数人的烦恼在于是否安装柜门。可以结合自己的情况，认真考虑。

无意间就会感到时尚的关键是把握好尺度

这个玄关的重点在于天蓝色的门楣。如果将玄关门厅处的两扇门都涂成门楣一样的颜色，就有点太浓了。无意间就会感觉到时尚的关键是要把握好尺度。

CASE 40

一回到家就可触及的
实用性玄关收纳空间

打开门，一边说着我回来了，一边脱下鞋子将其放入玄关储物柜中，放下包包、挂起大衣……进入客厅前就整理完毕了。这是一个有着实用性玄关收纳空间的布局。☺

不会带多余的东西进入客厅，所以客厅任何时候看起来都很清爽。在玄关收纳处可以设计一个放置外卖单及钥匙的地方。"适材适所"的收纳，既可以保证收放拿取自如，也省掉了找东西的麻烦，对于上班族来说，这个很重要。

客厅里的收纳柜没有安装门，可以看到里面摆放的杂志和 CD 等物品。或者也可以挂一幅竹帘，看起来更有情调。✿ 收纳架的最下面可以设计为开放型的。

厨房的南侧是女主人非常喜欢的专属娱乐空间。♡ 旁边是洗漱洗衣间，在等待衣物洗好和料理闷煮的时候，可以在这里稍作休息，听着自己喜欢的音乐，度过　个专属自己的时间。♪

从洗漱洗衣间的后门可以直接进入院子，洗好的衣物可以立即拿出去晾晒。

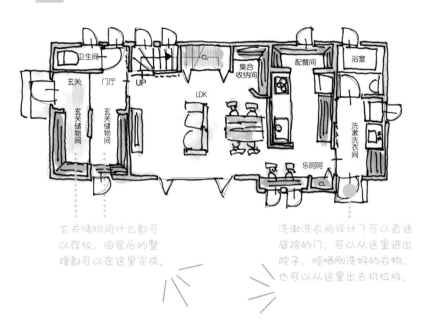

玄关储物间什么都可
以存放，回家后的整
理都可以在这里完成。

洗漱洗衣间设计了可以直通
庭院的门，可以从这里进出
院子，晾晒刚洗好的衣物，
也可以从这里出去扔垃圾。

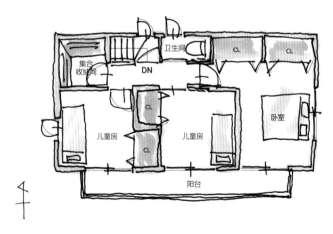

建筑面积：96.46m² (一层：55.06m² / 二层：41.40m²)

CASE 41

狭长房间也可以如您所愿
打造出舒适的布局

　　建筑横宽只有约 3.64m，但是住起来却非常舒适。"设计师真是个天才！"看了这个布局图，你绝对想这么说。

　　业主是一对夫妻和 2 个孩子的四口之家。女孩和妈妈关系好，男孩和爸爸关系好。餐厅和客厅的中间设计了娱乐桌台，妈妈和女儿可以在这讨论母女之间的专属话题，爸爸和儿子在客厅电视机前看球赛，一家人在一个空间里各自做着自己的事情，也不会感觉尴尬。一种莫名的兴奋涌上心头。

　　一层的收纳空间集中在餐厅、厨房，客厅是让人放松愉悦的空间，所以尽可能不放过多的东西。

　　LDK 占了很大的面积，所以洗漱洗衣间和浴室就设计在了二层，为了缩短做家务的动线，打开配餐间的门就是通向二层的楼梯。设计师为了这个设计花了好大心思。

　　其中一间儿童房和主卧连在一起，是个大房间。随着孩子的成长可以隔开成两个房间，等孩子出社会离家了，再恢复成一个大房间。这是一个可以根据家人需求自由更换布局的家。

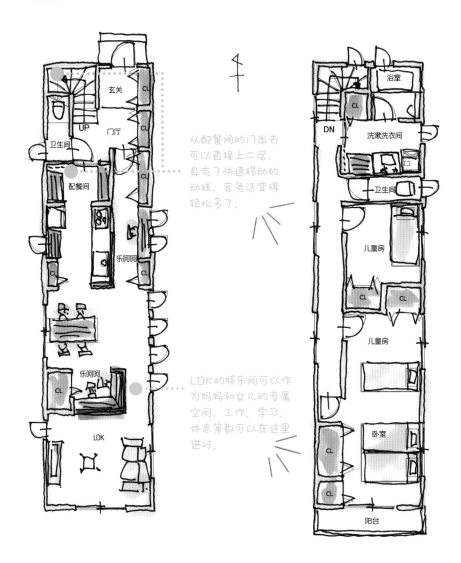

玄关

CL

UP 门厅

CL

卫生间

CL

配餐间

乐呵呵

CL   CL

乐呵呵

CL

LDK

浴室

CL

DN   洗漱洗衣间

卫生间

儿童房

CL   CL

儿童房

卧室

CL

CL

阳台

从配餐间的门出去可以直接上二层，具有了快速移动的动线，家务活变得轻松多了。

LDK的娱乐间可以作为妈妈和女儿的专属空间，工作、学习、休息等都可以在这里进行。

建筑面积：105.98㎡（一层：52.99㎡ / 二层：52.99㎡）

CASE 42

带推拉门的玄关，方便停放业主喜爱的自行车

　　在这里住着的是一对有 2 个孩子的夫妻。夫妻俩都喜欢骑自行车，上班、购物都会骑自行车去。感觉自行车就是家中的一员。这样的话，家里就必须要有停放自行车的地方，万一放在外面被盗就不好了。😖

　　因此，玄关保留了 8.4m² 的大空间，足够放下两辆自行车和孩子们用的三轮车，甚至可以放下修理车子的工具。出入口的地方采用方便自行车通行的推拉门。😃

　　将二层厨房的窗户设计成咖啡厅风格的，瞬间令人有心动的感觉。一边想着好可爱好酷啊，♥ 一边兴奋激动，怀着这种愉悦的心情，做起家务来也轻松了。😊

　　二层内再上一层，设计了一个 LOFT 娱乐空间。空高不是很高，大人进去要稍许弯一下腰，给人一种屋顶秘密小屋的感觉。

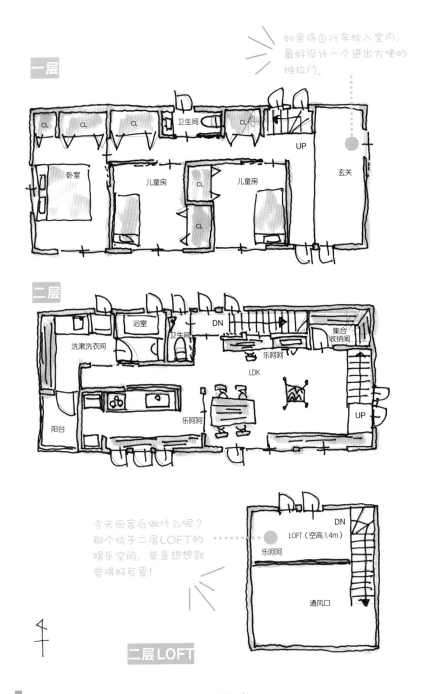

一层

CL CL CL 卫生间 CL UP 玄关

卧室 儿童房 CL 儿童房

如果将自行车放入室内，最好设计一个进出方便的推拉门。

二层

洗漱洗衣间 浴室 卫生间 DN 集合收纳间

阳台 乐呵呵 LDK 乐呵呵 UP

二层LOFT

今天回家后做什么呢？那个位于二层LOFT的娱乐空间，单是想想就觉得好可爱！

LOFT（空高1.4m）
乐呵呵 DN

通风口

建筑面积：110.24㎡（一层：56.52㎡ / 二层：53.72㎡）

119

儿媳妇也喜欢的客厅布局，全家人一起喜气洋洋

☆

孩子和父母的关系会随着孩子的成长而有所改变。一直黏着父母的孩子，不知不觉中就进入了叛逆期，尤其是男孩子最为明显。😊

为了防止这样的事情发生，希望大家能记住这个房屋布局图。一层没有设计专用的走廊，孩子要去二层的儿童房就必须经过客厅，这样，一天至少有一次和父母见面。想象一下，儿子第一次把女朋友带回家，大家在客厅见面说话，相互留个好印象。♥有点开玩笑了，其实不设计专用的走廊主要是为了节约成本，一举两得。✌

处在青春期的孩子要特别注意卫生间的设计。成年的孩子，就会特别在意使用卫生间时候的声音及味道，应尽可能将卫生间设计得远离公共生活区。

关于楼梯上吊挂的壁柜，方便将夏天不用的被褥放置其中。为了避免孩子长高了会碰到头，应将吊柜设计得高一点。

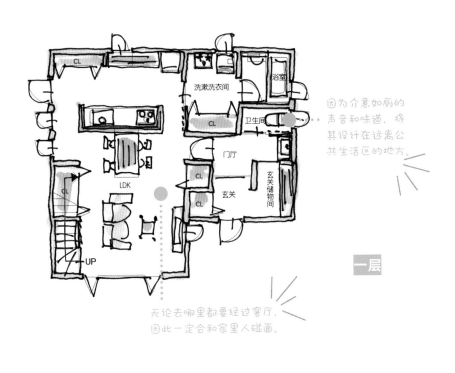

CL

浴室

洗漱洗衣间

CL

卫生间

门厅

玄关储物间

CL

玄关

LDK

CL

CL

UP

因为介意如厕的
声音和味道，将
其设计在远离公
共生活区的地方。

一层

无论去哪里都要经过客厅，
因此一定会和家里人碰面。

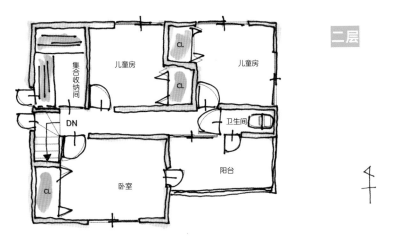

CL

儿童房

CL

儿童房

集合
收纳
间

CL

卫生间

DN

卧室

阳台

CL

二层

建筑面积：95.29㎡（一层：53.03㎡ / 二层：42.26㎡）

仅设计个素土地面，就可以成就时尚的家

最近骑自行车上班的人逐渐增多。骑着酷帅的自行车去上班，一看到这样的上班族，田渊就特别羡慕。

想用爱车装点一下家里的人也在日见增长。如果大家也有这样的想法，推荐在玄关处铺设素土地面。有着 10.5m² 素土地面的玄关，不仅是自行车，连冲浪板等用具都可以放置。在没贴瓷砖的素土地面上停放自行车，可以呈现满满的时尚感。☺ 这个素土地面连接着厨房，扔垃圾也会很方便。👍

浴室⇄洗漱洗衣间⇄集合收纳间⇄卧室，呈现良好的快速移动的路线。厨房⇄客厅、餐厅⇄玄关的动线也十分完美。

这个房子是方形的。方形越正，承重力度分散得就越均匀，房屋就会越坚固。因此，可以减少柱子和房梁的数量，从而降低成本。☺

但是，方形越正，室内空间就会显得越单调。所以在设计墙面的时候，要采用不对称地装饰，形成一种非对称的美。在墙面装饰上要花点心思，不然就会成为一个很无趣的房子，这一点要注意。☝

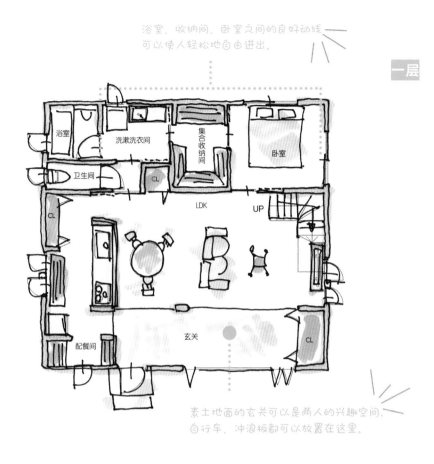

浴室、收纳间、卧室之间的良好动线
可以使人轻松地自由进出。

一层

浴室

洗漱洗衣间

集合收纳间

卧室

卫生间

CL

CL

LDK

UP

配餐间

玄关

CL

素土地面的玄关可以是两人的兴趣空间，
自行车、冲浪板都可以放置在这里。

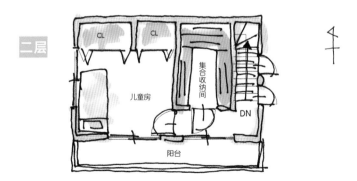

二层

CL

CL

集合收纳间

儿童房

DN

阳台

建筑面积：96.05㎡（一层：74.52㎡／二层：21.53㎡）

既方便父母时常照看 又能成为室内装饰的一部分

儿童乐园般的空间

为了使该空间可以随着孩子的成长自由变换，设计师要摈弃孩子般幼稚的设计思路。这是一个无论到何时，都能供全家人使用的空间。

田渊风格的
No.1

今天做什么呢？想象力膨胀的自由艺术工作间

可以在墙上装饰一些孩子的绘画作品、手工作品，或是挂上幼儿园的衣物等，营造成一个艺术工作室的氛围。在下面的小空间设计一些储物架，可以借用图书馆功能的设计方法。将来也可以将这个艺术工作间当做一个舞台，母亲、孩子在上面唱歌，想想都觉得好温馨。

欢迎来到儿童世界，镜框一样的入口

增加一个台阶，即便是没有门也可以和客厅区分开来，成为一个不一样的空间。入口处看起来像一个镜框，可以作为装饰的一部分来欣赏。往里面走是个衣帽间，可以收纳全家人的衣物。

可以午休的榻榻米空间，也可以作为收纳场所使用

被抬高了的榻榻米，也可以作为长凳使用。在下面设计了抽屉，可以收纳孩子们午休用的被褥和日常玩具等，无论何时看起来都会干净、整洁。设计顶壁以便和客厅区分开来。

根据自己的想象可随意活用空间，家里人一定很开心

活用楼梯下面的空间，在墙壁上设计储物架，等孩子长大后转换为收纳空间。随着孩子的成长变换使用方法，会让家人一直很开心。

OWARINI 结　语

　　田渊的房屋布局手册怎么样？也许会有比这更好的设计，这里给大家介绍的房屋布局都是源于和业主沟通方案的谈话内容。在阳光可以照进的洗衣房里洗衣服是不是心情很好呢？如果有个时装店一样的收纳间，拿取衣服来是不是会更开心呢？像这样零碎的灵感都是在与业主沟通方案时领悟到的，田渊将其凝炼写成了这本房屋布局手册。

　　田渊认为，真正幸福的家的房屋布局正是从零星的言语沟通中诞生的。就房屋设计而言，重要的不是常识和规则，而是尝试着去考虑自己和家人是否都能因此而兴奋激动。这样设计建造出来的房屋才能够让家人感到幸福。

　　田渊也想去帮忙建造房屋，但是实在是分身乏术，还请谅解。写此书，如果能成为大家设计房屋布局时的小帮手，田渊真仍三生有幸。有机会一定要告诉田渊您的幸福小家希望如何布局。田渊会期待这一天的到来并为此继续努力。

图书在版编目(CIP)数据

图解住宅设计户型布局 / (日)田渊清志著;万争艳译. – 武汉:华中科技大学出版社,2020.9
ISBN 978-7-5680-5736-3

I.①图… Ⅱ.①田… ②万… Ⅲ.①住宅-室内装饰设计-图解 Ⅳ.①TU241-64

中国版本图书馆CIP数据核字(2020)第145121号

HAYAKU IE NI KAERITAKUNARU SAIKO NI HAPPY NA MADORI
©Kiyoshi Tabuchi 2017
©KADOKAWA CORPORATION 2017
First published in Japan in 2017 by KADOKAWA CORPORATION, Tokyo.
Simplified Chinese translation rights arranged with KADOKAWA CORPORATION, Tokyo through
CREEK & RIVER Co., Ltd.
简体中文版由KADOKAWA CORPORATION 授权华中科技大学出版社有限责任公司在中华人民
共和国(不含香港、澳门、台湾地区)独家出版、发行。
湖北省版权局著作权合同登记 图字:17-2020-114号

图解住宅设计户型布局

[日] 田渊清志 著

TUJIE ZHUZHAI SHEJI HUXING BUJU

万争艳 译

出版发行:华中科技大学出版社(中国·武汉)	电话: (027) 81321913
武汉市东湖新技术开发区华工科技园	邮编: 430223

责任编辑:杨 靓	责任监印:朱 玢
责任校对:周怡露	美术编辑:张 靖

印　　刷:武汉市金港彩印有限公司
开　　本:889 mm×1194 mm　1/32
印　　张:4.125
字　　数:143千字
版　　次:2020年9月第1版第1次印刷
定　　价:58.00元